Sheikh Abdul Wajid
Deebha Mumtaz

Segurança nas redes móveis ad-hoc

Sheikh Abdul Wajid
Deebha Mumtaz

Segurança nas redes móveis ad-hoc

Segurança das MANET

Imprint
Any brand names and product names mentioned in this book are subject to trademark, brand or patent protection and are trademarks or registered trademarks of their respective holders. The use of brand names, product names, common names, trade names, product descriptions etc. even without a particular marking in this work is in no way to be construed to mean that such names may be regarded as unrestricted in respect of trademark and brand protection legislation and could thus be used by anyone.

Cover image: www.ingimage.com

This book is a translation from the original published under ISBN 978-613-3-99807-0.

Publisher:
Sciencia Scripts
is a trademark of
Dodo Books Indian Ocean Ltd. and OmniScriptum S.R.L publishing group

120 High Road, East Finchley, London, N2 9ED, United Kingdom
Str. Armeneasca 28/1, office 1, Chisinau MD-2012, Republic of Moldova, Europe
Printed at: see last page
ISBN: 978-620-8-08290-1

Copyright © Sheikh Abdul Wajid, Deebha Mumtaz
Copyright © 2024 Dodo Books Indian Ocean Ltd. and OmniScriptum S.R.L publishing group

Conteúdo

RECONHECIMENTO

Todos os louvores a Deus Todo-Poderoso, que me deu esta oportunidade e me permitiu concluir este livro com êxito. Gostaria de aproveitar esta oportunidade para expressar os meus agradecimentos a todos os que me ajudaram nos aspectos da investigação relacionados com este livro. Gostaria de agradecer ao meu irmão mais velho, o Dr. Sheikh Abdul Majid. As suas ideias e palavras de encorajamento inspiraram-me muitas vezes e renovaram as minhas esperanças de concluir os meus estudos. Por último, mas não menos importante, gostaria de agradecer aos meus queridos pais pelo seu amor, apoio e encorajamento constantes.

(Sheikh Abdul Wajid)

Capítulo 1

INTRODUÇÃO ÀS REDES

1.1 Introdução

As redes sem fios foram certamente uma revolução no mundo tecnológico atual, desde as redes celulares tradicionais até às redes em malha e às redes ad hoc veiculares. De certa forma, as redes sem fios podem ser classificadas em dois modos, nomeadamente o modo de infraestrutura e o modo ad hoc. No modo de infraestrutura, os nós estão ligados sem fios a um ou mais pontos de acesso que, por sua vez, estão ligados a cabos Ethernet com fios. As redes sem fios de infraestrutura são centralizadas, escaláveis e facilmente geríveis em termos de segurança e acessibilidade. São mais caras do que as redes ad hoc devido ao hardware adicional dos pontos de acesso. As redes sem fios ad hoc são descentralizadas, no sentido em que os próprios nós transmitem dados a outros nós sem qualquer ponto de acesso intermédio. Os nós de uma rede ad hoc sem fios comunicam diretamente. As redes ad hoc não são escaláveis. Ultimamente, a maior parte das comunidades de investigação, académicas e industriais têm-se concentrado nas redes em malha sem fios. Neste capítulo, as redes ad hoc sem fios e as redes em malha sem fios são discutidas e tratadas no que respeita a ataques à segurança e à fiabilidade. As redes em malha sem fios podem ser consideradas redes sem fios de modo misto, uma vez que são tanto de infraestrutura como ad hoc por natureza. A rede de base em malha sem fios é ad hoc por natureza e alguns dos nós da malha actuam como gateways para os pontos de acesso que se ligam à Ethernet. Ver figura 1.1. As redes em malha sem fios têm potencial para fornecer as formas mais fiáveis, mais rápidas e mais baratas de ligação em rede, em comparação com as redes sem fios tradicionais. Neste capítulo, discute-se principalmente a natureza ad hoc das redes em malha sem fios no contexto do encaminhamento, segurança, fiabilidade e ataques. Até à data, a maioria dos modelos e protocolos de rede foram concebidos com base no paradigma de rádio único, em que cada nó sem fios está equipado com um único rádio. Estas redes sofrem de um fraco rendimento do sistema, uma vez que um nó com uma única interface de rádio não pode transmitir e receber simultaneamente. As restrições de capacidade são

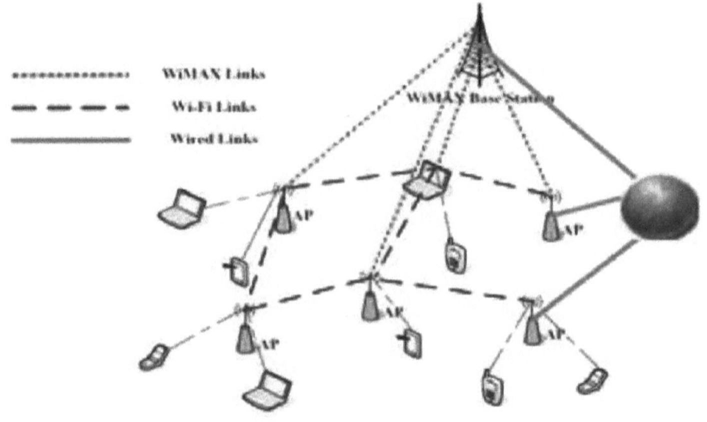

Figura 1.1: Uma rede em malha heterogénea sem fios[46]

também muito importante nas redes em malha sem fios ou nas redes comunitárias em geral, devido à inevitável interferência entre transmissões simultâneas. A norma IEEE 802.11 introduziu o conceito de canais ortogonais sem interferência para melhorar a capacidade [22][43][15] em redes sem fios multi-hop. Para melhorar o rendimento global da rede e a utilização dos canais, os nós estão equipados com múltiplas interfaces rádio, que funcionam em canais diferentes, permitindo-lhes transmitir e receber simultaneamente. Embora o paradigma multi-hop multi-rádio esteja a ganhar importância nos dias que correm, existem ainda alguns desafios, como a sincronização entre vizinhos, a atribuição óptima de canais e, sobretudo, o encaminhamento. Um protocolo de encaminhamento ad hoc é um acordo entre nós sobre a forma como controlam o encaminhamento de pacotes entre si. Os nós de uma rede ad hoc descobrem rotas porque não têm qualquer conhecimento prévio da topologia da rede. De um modo géral, existem muitos protocolos de encaminhamento [44] concebidos e projectados para as redes ad hoc sem fios. Os protocolos de encaminhamento em redes ad hoc são classificados principalmente em dois tipos. São eles

1.   Protocolos de encaminhamento proactivos

2.   Protocolos de encaminhamento reactivos.

Os protocolos de encaminhamento proactivos são protocolos de encaminhamento baseados em tabelas. As rotas são actualizadas continuamente e quando um nó pretende encaminhar pacotes para outro nó, utiliza uma rota já disponível. O protocolo de encaminhamento por vetor de distância com sequência de destino (DSDV)[41], o protocolo de encaminhamento de estado de ligação optimizado (OLSR)[22], o protocolo de encaminhamento sem fios (WRP), etc., inserem-se na categoria de protocolos de encaminhamento proactivos. Nos protocolos de encaminhamento reactivos, quando há necessidade de encaminhar pacotes de um nó para outro, as rotas são determinadas a pedido entre esses dois nós. Estes protocolos de encaminhamento são também designados por protocolos de encaminhamento a pedido. O protocolo de encaminhamento de fonte dinâmica (DSR) [38], o protocolo Ad hoc On Demand Distance Vetor (AODV), o protocolo de encaminhamento de fonte com qualidade de ligação da Microsoft (MR-LQSR) [43], etc., pertencem à categoria dos protocolos de encaminhamento reactivos. Nos protocolos de encaminhamento de origem, o nó de origem determina a melhor rota para o destino. No encaminhamento baseado na qualidade da ligação, as decisões de encaminhamento são baseadas no valor da métrica de encaminhamento da qualidade da ligação. Os protocolos de encaminhamento ad hoc sem fios, como o DSR [38], utilizam o Hop-count como métrica de encaminhamento. No entanto, a contagem de saltos é a menos eficaz e também não é adequada para o paradigma multirrádio, uma vez que não tira partido da diversidade de canais. Os trabalhos anteriores [43][14] analisaram principalmente o impacto da diversidade de canais e da qualidade da ligação (em termos de largura de banda e de taxa de perdas) no encaminhamento, mas não muito nos aspectos de segurança. Existe outro sector de protocolos de encaminhamento classificados como protocolos de encaminhamento seguro. Authenticated Routing for Ad hoc Networks (ARAN) [33], Secure AODV [34]etc. são alguns exemplos de protocolos de encaminhamento seguro. Estes protocolos garantem a segurança através da utilização de várias técnicas criptográficas

1.1.1 Redes sem fios sem infra-estruturas: Antecedentes

Os avanços na conceção eficiente em termos energéticos e nas tecnologias sem fios permitiram que os dispositivos portáteis suportassem várias aplicações sem fios importantes, incluindo a comunicação multimédia em tempo real, a vigilância utilizando redes de sensores e aplicações de redes domésticas [40]. Um desafio importante na conceção de sistemas sem fios e móveis é o facto de os principais recursos de comunicação - largura de banda, energia e segurança - serem significativamente mais limitados do que num ambiente de rede com fios. Estas restrições exigem técnicas de comunicação inovadoras para aumentar a quantidade de largura de banda por utilizador e técnicas e protocolos de conceção inovadores para utilizar eficientemente a energia disponível. Além disso, os canais sem fios são inerentemente propensos a erros e as suas caraterísticas variáveis no tempo dificultam a obtenção consistente de um bom desempenho. Por conseguinte, os protocolos de comunicação devem ser concebidos para tentar sempre adaptar-se às condições actuais, em vez de serem concebidos para as condições mais desfavoráveis. Uma das áreas de mais rápido desenvolvimento nas redes sem fios é a das redes sem fios ad hoc (também chamadas redes sem fios multi-salto). Prevê-se que as redes ad hoc venham a desempenhar um papel importante nas futuras redes móveis sem fios[28]. A utilização generalizada de dispositivos móveis e portáteis é suscetível de popularizar as redes ad hoc sem fios. As redes sem fios convencionais (por exemplo, redes celulares ou redes de satélites) dependem de uma infraestrutura fixa, por exemplo, estações de base fixas e comunicações com fios, que ligam sempre os utilizadores através do encaminhamento de dados por essas estações de base fixas. Assim, as redes sem fios tradicionais são normalmente designadas por redes sem fios com infra-estruturas. A instalação de uma infraestrutura deste tipo é frequentemente demasiado dispendiosa ou tecnicamente impossível nalgumas localidades remotas. Em contraste com as redes sem fios convencionais, a caraterística mais distintiva das redes sem fios ad hoc é a ausência de

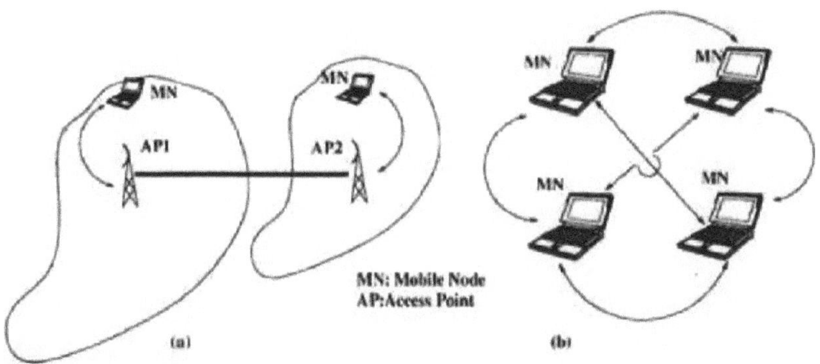

Figura 1.2: (a) Redes sem fios com infra-estruturas e (b) Redes sem fios sem infra-estruturas[26].

qualquer infraestrutura de rede fixa ou pré-existente, pelo que são designadas por redes sem fios sem infra-estruturas. As redes sem fios ad hoc atenuam a falta de infraestrutura permitindo que os utilizadores encaminhem os dados através de nós intermédios, em que cada nó móvel pode atuar como um retransmissor para encaminhar o tráfego para o destino (encaminhamento salto a salto). A Figura 1.2 mostra um exemplo de (a) redes sem fios com infraestrutura, em que os nós móveis estão ligados por uma espinha dorsal com fios, e (b) redes sem fios sem infraestrutura, em que todas as comunicações utilizam o meio sem fios. Fisicamente, uma rede ad hoc sem fios, ou simplesmente uma rede ad hoc, é constituída por um certo número de nós geograficamente distribuídos, potencialmente móveis, que partilham um canal de rádio comum. As redes ad hoc são auto-criadas, auto-organizadas e auto-configuráveis. São redes auto-criadoras porque, quando os nós se reúnem, uma rede ad hoc é criada no momento em que os nós comunicam uns com os outros, ou seja, as redes ad hoc são criadas apenas pelas interações entre os nós móveis sem fios que as constituem. As redes ad hoc são auto-organizadas porque só essas interações são utilizadas para fornecer as funções de controlo e administração necessárias para apoiar essas redes. Além disso, os nós cooperam para se organizarem e distribuírem diferentes

funções, se necessário. Por último, estas redes são auto-configuráveis, uma vez que a rede não depende de um nó específico como controlador central e ajusta-se dinamicamente à medida que os nós entram ou saem da rede devido à livre mobilidade dos nós. Como tal, redes como estas são simultaneamente flexíveis e robustas. Devido à sua flexibilidade e robustez, as redes ad hoc podem ser rapidamente implantadas para apoiar muitas aplicações. Por exemplo, as redes ad hoc são muito úteis em aplicações militares e outras aplicações tácticas, como o campo de batalha, a busca e salvamento e a assistência em catástrofes. Embora o sector militar continue a ser a principal força motriz do desenvolvimento destas redes, as redes ad hoc estão rapidamente a encontrar novas aplicações em áreas civis. As redes ad hoc permitirão que as pessoas troquem dados no terreno ou na sala de aula sem utilizarem qualquer estrutura de rede, exceto a que criam ao ligarem simplesmente os seus computadores ou PDAs, ou que um bando de sensores forme um grupo auto-organizado e execute coletivamente uma tarefa de monitorização. São também prováveis aplicações comerciais em que haja necessidade de serviços de comunicação omnipresentes sem a presença ou utilização de uma infraestrutura fixa, por exemplo, comunicação espontânea entre computadores móveis para conferências e ligação em rede doméstica, extensões multi-saltos de sistemas de telecomunicações celulares e redes de veículos. medida que as comunicações sem fios penetram cada vez mais na vida quotidiana, continuarão a surgir novas aplicações para as redes ad hoc móveis, que se tornarão uma parte importante da estrutura de comunicação. As caraterísticas intrínsecas das redes sem fios sem infra-estruturas (IWN), que as distinguem de outras redes, podem ser resumidas da seguinte forma:

• Falta de infra-estruturas fixas: As redes ad hoc são concebidas para funcionar sem a necessidade de infra-estruturas existentes. Assim, cada nó actua de forma distribuída ponto a ponto, sem depender de qualquer infraestrutura centralizada para controlo e administração. No entanto, é possível construir uma espinha dorsal virtual selecionando um subconjunto dos nós móveis da rede para actuarem como estações de base virtuais. O conjunto de nós selecionados pode ser utilizado para efetuar o encaminhamento e outras funções de gestão da rede

• Topologia dinâmica: Nas RNI, os nós podem deslocar-se de forma aleatória. Assim, a topologia da rede pode mudar rápida e imprevisivelmente. Este facto pode causar frequentes interrupções de ligação e perdas de pacotes, podendo também levar a partições frequentes da rede. Por conseguinte, a conceção de protocolos de encaminhamento é um problema crucial e difícil nas RNI. Este problema é ainda mais exacerbado quando os trajectos têm de satisfazer certas garantias de qualidade de serviço durante o tempo de vida da ligação. O estado da rede mantido por um nó é sempre uma melhor aproximação do estado atual da rede, cuja precisão se degrada à medida que a topologia da rede muda.

- Encaminhamento multi-hop: Nas RNI, cada nó tem de se comportar como um encaminhador para retransmitir mensagens para outros nós. Este facto motiva a necessidade de mecanismos que estimulem ou forcem os nós a cooperar, especialmente em ambientes em que os nós tendem a comportar-se de forma egoísta. A topologia multi-saltos das RNI pode também permitir a reutilização espacial do espetro sem fios, em que dois nós podem transmitir utilizando a mesma largura de banda, desde que estejam suficientemente afastados.

- Heterogeneidade dos nós e variabilidade das ligações: As RNI são normalmente redes heterogéneas com vários tipos de nós móveis que formam uma rede ad hoc. Por exemplo, diferentes unidades militares, desde soldados a tanques, ou dispositivos móveis, desde sensores a computadores portáteis, podem juntar-se para formar uma RNI. Assim, os nós móveis terão diferentes taxas de geração de pacotes, responsabilidades de encaminhamento, actividades de rede e capacidades de alimentação. A heterogeneidade dos nós pode afetar a conceção e o desempenho dos protocolos de comunicação nas RNI. O problema da qualidade variável das ligações é particularmente significativo nas RNI. Este problema afecta os principais parâmetros de qualidade de serviço (QoS), como a disponibilidade de largura de banda, a tência, a fiabilidade e o jitter. É preferível que os algoritmos de programação ou o protocolo de comunicação concebidos para as RNI tenham em conta o estado do canal, a fim de evitar, sempre que possível, as más ligações.

- Recursos escassos: Quase todos os nós das redes ad hoc são alimentados por baterias. Por conseguinte, são necessárias técnicas inovadoras para eliminar as ineficiências energéticas que reduziriam o tempo de vida dos nós. Um método eficaz para aumentar a capacidade de uma rede sem fios é o controlo da potência. Embora o controlo da potência tenha sido tradicionalmente estudado na camada física, tem impacto em todos os aspectos da pilha de protocolos da rede. Além disso, a largura de banda nas redes sem fios é mais escassa do que nas redes com fios. Consequentemente, o espetro sem fios é um recurso limitado que deve ser utilizado de forma eficiente. Uma vez que a disponibilidade de largura de banda tem um efeito direto na QoS, a gestão eficaz deste recurso é um fator-chave para apoiar a QoS nas redes sem fios.

• Segurança física limitada: Devido à falta de controlo central e às caraterísticas das comunicações sem fios, as redes ad hoc estão mais expostas a ameaças à segurança do que as redes com fios. Este facto motiva a necessidade de mecanismos de segurança que se adaptem à natureza destas redes. Em particular, qualquer protocolo de segurança deve ser completamente distribuído e não assumir qualquer entidade central no controlo. Apesar das várias questões difíceis de conceção inerentes a estas redes, os computadores e aplicações móveis tornar-se-ão indispensáveis, mesmo em alturas e locais em que a infraestrutura necessária não esteja disponível. Em termos conceptuais, os dispositivos de computação sem fios devem ser fisicamente capazes de comunicar entre si, mesmo quando não se encontram routers, estações de base ou fornecedores de serviços Internet (ISP). Na ausência de infra-estruturas, o que é necessário é que os próprios dispositivos sem fios assumam as funções em falta. Este é o tema principal das redes ad hoc sem fios. No entanto, para que esta visão se torne realidade, há muitos desafios de investigação relacionados com estas redes que têm de ser resolvidos. Na secção seguinte, discutimos muitos desafios que estão em aberto para a investigação em IWNs.

1.1.2 Redes sem fios Ad hoc e Mesh

É sempre fascinante pensar na evolução do conceito de redes sem fios e no seu impacto no mundo tecnológico atual. Aparelhos como comandos à distância, transístores de rádio, telemóveis e computadores portáteis com rádio são muito comuns hoje em dia. O telemóvel, em especial, é a tecnologia mais difundida atualmente. As pessoas estão gradualmente a optar por computadores portáteis em vez de computadores de secretária e a mostrar interesse pela comunicação sem fios. As redes sem fios são fáceis de instalar e pouco dispendiosas em comparação com as redes com fios, em que é necessária muita cablagem para ligar cada computador. As redes sem fios podem dividir-se, em termos gerais, em duas categorias: redes de infra-estruturas sem fios e redes ad hoc sem fios. Nas redes de infra-estruturas, os clientes sem fios ligam-se basicamente a um ponto de acesso sem fios que, por sua vez, está ligado a um cabo Ethernet que pode ligar-se à Internet. Um nó comunica com todos os outros nós, interna ou externamente, através de um ponto de acesso que se encontre ao alcance desse nó. As redes sem fios de infraestrutura são centralizadas, escaláveis e facilmente geríveis em termos de segurança e acessibilidade. No entanto, são mais caras do que as redes ad hoc devido ao hardware adicional dos pontos de acesso. Por outro lado, as redes ad hoc são descentralizadas, constituídas por pequenos grupos de clientes sem fios, em que cada cliente comunica com outro cliente diretamente ou de forma multi-salto. As redes ad hoc não são muito escaláveis. Os nós de uma rede ad hoc não têm qualquer conhecimento prévio da topologia da rede, pelo que têm de encontrar dinamicamente os nós com os quais pretendem comunicar. Todos os nós de uma rede ad hoc concordam com um protocolo de encaminhamento para encaminhar os pacotes. A segurança, o desempenho e a velocidade foram sempre desafios muito importantes para as redes ad hoc sem fios. As redes ad hoc são um desafio transversal a todas as camadas. A escolha das tecnologias a utilizar em todas as camadas (física, MAC, rede, transporte, etc.) tem efetivamente um impacto no desempenho do sistema. A rede em malha sem fios é, sem dúvida, o tema de conversa do mundo da investigação em redes sem fios. Hoje em dia, investigadores, académicos, empresas, etc., estão a intensificar a sua atenção para as WMN e a desenvolver produtos para fornecer um serviço de Internet de banda larga acessível e de última milha. Se houver um planeamento cuidadoso e adequado da criação de infra-estruturas do tipo mesh em todo o mundo, não há dúvida de que as pessoas em todos os cantos do mundo terão acesso à Internet a um preço acessível. Muitos produtos em malha com diferentes capacidades e melhorias já deixaram a sua marca no mercado, mas, devido a questões de escalabilidade, segurança e privacidade, as redes WMN ainda não estão amplamente implantadas. Tem havido muita investigação neste domínio e muitos investigadores abordaram vários aspectos das redes em malha sem fios. Estão a ser realizados muitos estudos nos domínios das técnicas de encaminhamento a utilizar, da viabilidade das redes em malha sem fios em escritórios, da escalabilidade e das questões de implementação e, por último, mas não menos importante, das questões de segurança e privacidade. O aspeto mais importante a ter em conta sobre as redes de malha sem fios é o facto de se tratar de uma rede híbrida que não se insere nem na categoria das redes ad hoc nem na categoria das redes baseadas em infra-estruturas. Uma rede em malha sem fios corretamente concebida deve ser capaz de proporcionar flexibilidade e interoperabilidade entre diferentes tipos de utilizadores, diferentes tipos de redes heterogéneas, como as MANET, as redes com fios, WiMax, redes de sensores sem fios, redes celulares, etc. Conceber uma arquitetura WMN heterogénea (ver figura 1.1) capaz de satisfazer as necessidades de diferentes classes (com base no tipo de utilização) de pessoas e de atenuar os prejuízos causados pelos atacantes não é tarefa fácil. Os investigadores começaram a rever a conceção dos protocolos das redes sem fios existentes, especialmente das redes IEEE 802.11, das redes ad hoc e das redes de sensores sem fios, na perspetiva das redes móveis móveis. Os grupos de normalização industrial estão também a trabalhar ativamente em novas especificações para as redes em malha. Algumas das vantagens das WMN são a auto-configurabilidade, a auto-cura, a fiabilidade, os baixos custos de implantação, a conetividade de rede altamente integrada e heterogénea. Algumas das principais questões de conceção das redes WMN são a escalabilidade, as tecnologias de rádio, a conetividade em malha, a qualidade do serviço, a conceção em várias camadas e as questões de segurança e privacidade. Esta tese incide principalmente no paradigma multirrádio, na conetividade através de um protocolo de encaminhamento e no seu impacto na qualidade do serviço, no desempenho e na segurança. Tecnologias de rádio avançadas, como rádios cognitivos, rádios reconfiguráveis, sistemas multirrádio e multicanais (encaminhamento em ambiente multirrádio), sistemas de antenas inteligentes, etc. Mesmo as limitações de energia dos vários dispositivos que participam na ligação em rede são diferentes. Por conseguinte, a conceção dos protocolos de encaminhamento MAC deve corresponder aos requisitos destas tecnologias de rádio evolutivas.

1.2 Desafios da investigação em redes sem fios sem infra-estruturas

A par das inúmeras vantagens das redes ad hoc, surgem desafios a nível da sua conceção e implementação. Em particular, a livre mobilidade dos nós, a natureza descentralizada da rede, a escassez de recursos e a abertura da rede impõem desafios de investigação significativos em todos os níveis da pilha de protocolos. Além disso, estas redes herdam todos os problemas das redes sem fios tradicionais, por exemplo, as propriedades indesejáveis de variação temporal do canal sem fios e alguns efeitos secundários, como os problemas do terminal oculto e do terminal exposto. Dadas as caraterísticas das RNI, a conceção de protocolos práticos para as redes ad hoc é frequentemente motivada por muitos factores contraditórios. Por um lado, muitos problemas nestas redes são inerentemente difíceis (NP completo). Consequentemente, muitos investigadores foram forçados a procurar soluções não óptimas. Por outro lado, os elevados custos, em termos de despesas de computação e de comunicação, associados a muitos algoritmos eficientes que foram originalmente concebidos para redes com fios, limitam a sua utilização prática no ambiente sem fios. Assim, a conceção de protocolos de comunicação para redes ad hoc é um tema interessante, mas difícil. Para resolver estes conflitos, serão necessários novos algoritmos e soluções para todas as camadas da pilha de protocolos. Embora as RNI incluam muitas classes, as duas classes de RNI mais investigadas são: Redes Ad Hoc Móveis (MANETs) e Redes de Sensores Sem Fio (RSSFs), e elas possuem algumas caraterísticas tanto comuns quanto únicas, conforme descrito mais adiante neste capítulo. Entre os vários aspectos destas redes, o controlo da topologia, o encaminhamento, a qualidade do serviço e a comunicação eficiente em termos energéticos são as áreas de investigação mais activas. De seguida, resumimos alguns dos desafios da investigação em MANETs e RSSFs.

1.2.1 Redes móveis ad hoc (MANETs)

O conceito de MANET remonta ao programa de redes de rádio por pacotes da DARPA na década de 1970 [42]. O interesse renovado por estas redes nos últimos anos deve-se em grande parte aos recentes desenvolvimentos na computação móvel e nas tecnologias sem fios. Entre outros aspectos, as MANET distinguem-se de outras classes de IWNs pela caraterística da topologia dinâmica, que é principalmente atribuída aos movimentos livres dos nós. Dado que a topologia da rede se altera arbitrariamente à medida que os nós se deslocam, a informação de encaminhamento está sujeita a tornar-se obsoleta e os diferentes nós têm frequentemente visões diferentes da rede, tanto no tempo (a informação pode estar desactualizada em alguns nós, mas atual noutros) como no espaço (um nó só pode conhecer a topologia da rede na sua vizinhança e não muito longe de si). As associações efémeras de nós nas MANET limitam o tempo de vida das ligações, afectando assim o tempo de vida das rotas. Assim, o problema mais difícil nas MANET é o encaminhamento, que é ainda agravado quando as rotas têm de satisfazer certas garantias de qualidade de serviço (QoS) em termos de largura de banda ou de atrasos de extremo a extremo. A figura 1.3 mostra um exemplo de uma MANET em que os nós móveis utilizam o canal sem fios para efetuar comunicações entre pares através de caminhos de um ou vários saltos. Uma vez que a recolha de novas informações sobre toda a rede é frequentemente dispendiosa e impraticável, muitos protocolos de encaminhamento em MANET são protocolos a pedido, ou seja, recolhem informações de encaminhamento apenas quando necessário e para destinos para os quais necessitam de rotas. Ao fazê-lo, a sobrecarga de encaminhamento é muito reduzida quando comparada com os protocolos tradicionais, que mantêm rotas óptimas para todos os destinos a todo o momento. Uma análise exaustiva dos protocolos de encaminhamento tradicionais em MANET pode ser encontrada em [35]. Atualmente, o desafio das MANET consiste em conceber um protocolo de encaminhamento seguro que encaminhe os pacotes de dados com eficiência global. A utilização de MANET na aplicação de fins militares e de campo de batalha impõe a necessidade de uma comunicação segura e de prevenir os vários ataques de intrusos, de modo a que a informação não se perca. No entanto, a segurança não deve comprometer muito a eficiência da rede.

Para além do encaminhamento, muitos desafios de investigação em MANET exigem esforços dos investigadores para que estas redes se tornem comuns. Em particular, os seguintes tópicos de investigação são muito importantes para a conceção das futuras MANET:

• Controlo da topologia: A gestão e o controlo da topologia é uma área de investigação ativa nas MANET. Uma alternativa à infraestrutura física é a construção de um backbone ou infraestrutura virtual. Um backbone virtual

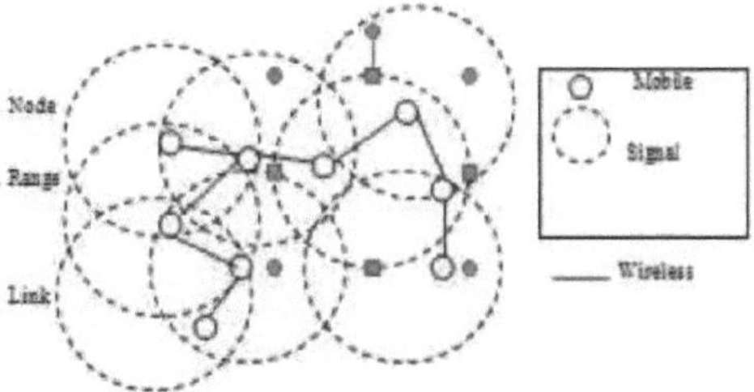

Figura 1.3: Um exemplo de conetividade multi-salto em MANETs

desempenha um papel muito importante no encaminhamento, em que o número de nós responsáveis pelo encaminhamento pode ser reduzido ao número de nós na espinha dorsal. A espinha dorsal virtual também desempenha um papel importante na difusão de dados e na gestão da conetividade nas redes ad hoc sem fios. São necessários algoritmos eficientes de controlo da topologia para as MANET.

• Encaminhamento com qualidade de serviço (QoS): O encaminhamento é a área mais ativamente investigada nas MANET. O encaminhamento torna-se um desafio quando a rota tem de satisfazer certas garantias de QoS, por exemplo, largura de banda, atraso de ponta a ponta e rácio de perda de pacotes. A utilização da otimização da conceção em várias camadas foi demonstrada com êxito no contexto da entrega da Internet sem fios e dos quadros de protocolos para redes sem fios activas.

1.2.2   Redes de sensores sem fios (RSSF)

Os avanços na tecnologia dos sensores permitiram o desenvolvimento de sensores de pequena dimensão, relativamente económicos e de baixo consumo. Um sensor é qualquer dispositivo que mapeia uma quantidade física do ambiente para uma medição quantitativa. Os nós sensores estão equipados com um módulo sensor (por exemplo, acústico, sísmico, de imagem, etc.) capaz de detetar alguma quantidade no ambiente, um processador digital para processar os sinais do sensor e efetuar funções de protocolo de rede, um módulo de rádio para comunicação e uma bateria para fornecer energia para o funcionamento (ver Figura 1.4). A posição dos nós sensores não precisa de ser projectada ou pré-determinada, pelo que permite uma implantação aleatória em terrenos inacessíveis ou em operações de socorro em caso de catástrofe. Isto implica que se espera que os nós efectuem a deteção e a comunicação sem manutenção contínua ou assistência humana. As redes de sensores sem fios (RSSF) são uma classe de NIR que contém centenas ou milhares de nós sensores. Cada nó tem a capacidade de detetar elementos do seu ambiente, efetuar cálculos simples e comunicar entre si ou diretamente com uma estação de base externa (BS), permitindo assim a monitorização e o controlo de vários parâmetros físicos [36]. Prevê-se que as futuras RSSF venham a revolucionar o paradigma da recolha e processamento de

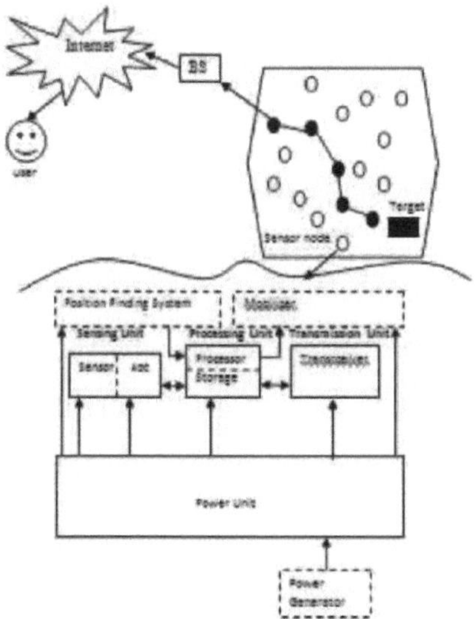

Figura 1.4: Estrutura da rede de sensores sem fios e componentes dos nós sensores

informações em diversos ambientes. No entanto, as fortes restrições energéticas e os recursos informáticos limitados dos sensores colocam grandes desafios para que esta visão se torne realidade. As RSSF têm um tempo de vida limitado, uma vez que os sensores são alimentados por baterias de energia limitada. Assim, são necessárias técnicas inovadoras para eliminar as ineficiências energéticas que reduziriam o tempo de vida dos nós sensores. Além disso, os nós sensores têm um poder de computação limitado e não podem executar protocolos de rede sofisticados.

Por conseguinte, os protocolos de comunicação leves são favoráveis nas RSSF. Alguns exemplos de aplicações das RSSF são a imagiologia de campos-alvo, a deteção de intrusões, a monitorização meteorológica, a segurança e a vigilância tática, a computação distribuída, a deteção de condições ambientais como a temperatura, o movimento, o som, a luz ou a presença de determinados objectos e o controlo de inventários. A Figura 1.5 mostra uma rede de sensores utilizada num campo de batalha de uma aplicação militar.

As caraterísticas intrínsecas das redes de sensores sem fios podem ser resumidas da seguinte forma: As redes de sensores são específicas da aplicação (ou seja, os requisitos de conceção de uma rede de sensores mudam consoante a aplicação). Por exemplo, o problema difícil da vigilância tática de precisão com baixa latência é diferente do exigido para uma tarefa periódica de monitorização meteorológica. Em muitas situações, os dados de nós sensores vizinhos não são independentes, uma vez que os nós sensores estão a monitorizar um fenómeno comum, pelo que os seus dados comunicados podem ser redundantes ou altamente correlacionados (redundância de dados). Por conseguinte, os dados semelhantes podem ser primeiro combinados ou agregados e depois enviados para os destinos, a fim de reduzir o número de transmissões e permitir aos utilizadores monitorizar um ambiente de forma precisa e fiável.

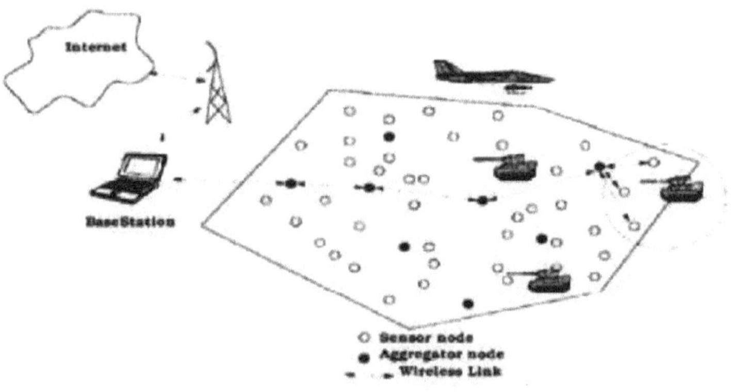

Figura 1.5: Exemplo de uma rede de sensores sem fios (RSSF) utilizada para a monitorização remota de campos de batalha[10].

Deste modo, é possível obter poupanças significativas na utilização de energia. As redes de sensores são redes centradas nos dados. Nas redes tradicionais, os dados são normalmente solicitados a um nó específico. Nas redes de sensores, os dados são solicitados com base em determinados pares atributo-valor. O conhecimento da posição dos nós sensores é importante, uma vez que a recolha de dados se baseia na localização. Com a tecnologia atual, não é viável utilizar hardware do Sistema de Posicionamento Global (GPS) para este fim. São necessários outros métodos sem GPS. Tanto as MANET como as RSSF partilham os mesmos problemas de investigação,

18

incluindo as caraterísticas variáveis no tempo das ligações sem fios, a comunicação sem fios multi-hop, o fornecimento limitado de energia, a possibilidade de falhas nas ligações e a implantação ad hoc de nós na área da rede. No entanto, as RSSF diferem das MANET em vários aspectos. Em primeiro lugar, o destino nas RSSF é conhecido (por exemplo, uma estação de base externa). A comunicação nas RSSF é de muitos para muitos, enquanto que nas MANET é geralmente numa base peer-to-peer. Em segundo lugar, os dados recolhidos por muitos sensores nas RSSF baseiam-se em fenómenos comuns, pelo que há uma grande probabilidade de estes dados terem alguma redundância. Em terceiro lugar, as MANET são caracterizadas por topologias altamente dinâmicas devido à livre mobilidade dos nós. A Tabela 1.1 apresenta uma comparação de alto nível entre MANETs e RSSFs, destacando as principais diferenças. Apesar das inúmeras aplicações das RSSF, estas redes têm várias restrições, por exemplo, o fornecimento limitado de energia, o poder de computação limitado e a largura de banda limitada das ligações sem fios que ligam os nós sensores. Por conseguinte, a utilização e a implantação eficazes das RSSF ainda enfrentam vários problemas, que têm de ser abordados e resolvidos:

1. Consumo de energia sem perda de precisão: os nós sensores podem utilizar até

MANETs	RSSFs
Topologias dinâmicas	Topologias estáticas (na maioria dos casos)
As MANET são normalmente redes heterogéneas (dezenas a centenas de nós)	As RSSF são normalmente redes homogéneas (milhares ou mais)
A energia pode ser renovada ou recarregada	Necessidade de funcionar durante muito tempo com uma pilha pequena
Destino desconhecido	O destino nas RSSF é conhecido
Encaminhamento centrado no endereço	Encaminhamento centrado nos dados
Utilizar comunicações ponto-a-ponto	Utilizar a comunicação entre vários interlocutores

| Otimizar a QoS e o desempenho | Otimizar a utilização da energia e não a qualidade. |

Tabela 1.1: MANETs vs WSNs: Uma comparação de alto nível O seu fornecimento limitado de energia permite-lhes efetuar cálculos e transmitir informações num ambiente sem fios. Assim, as formas de comunicação e de computação que conservam a energia são essenciais, uma vez que o tempo de vida dos nós sensores está fortemente dependente do tempo de vida das baterias. Um dos principais objectivos da conceção das RSSF é prolongar o tempo de vida da rede e evitar a degradação da conetividade, recorrendo a técnicas agressivas de gestão da energia.

2.   Tolerância a falhas: Alguns nós sensores podem falhar ou ficar bloqueados devido a falta de energia, danos físicos ou interferências ambientais. A falha de nós sensores não deve afetar a tarefa global da rede de sensores. Se muitos nós falharem, os protocolos MAC e de encaminhamento têm de acomodar a formação de novas ligações e rotas para as estações de base de recolha de dados. Por conseguinte, podem ser necessários vários níveis de redundância para ter uma rede de sensores tolerante a falhas.

3.   Escalabilidade: O número de nós sensores implantados na zona de deteção pode ser da ordem das centenas ou milhares, ou mais. Qualquer esquema deve ser capaz de funcionar com este grande número de nós sensores. Além disso, a alteração da dimensão da rede, da densidade dos nós e da topologia não deve afetar a tarefa e o funcionamento da rede de sensores.

4.   Meios de transmissão: Em geral, a largura de banda necessária para os dados dos sensores será baixa, da ordem de 1-100 kb/s. Relacionada com o meio de transmissão está a conceção do controlo do acesso ao meio (MAC). São necessários protocolos adequados que sejam adaptados às exigências específicas das RSSF.

5.   Qualidade do serviço: Em algumas aplicações, os dados detectados ou os eventos que ocorrem no ambiente podem ser sensíveis ao tempo e devem ser comunicados atempadamente. Grandes atrasos devidos ao processamento ou à comunicação podem ser inaceitáveis ou tornar os dados inúteis. Por conseguinte, é frequentemente

importante limitar a latência de ponta a ponta da disseminação de dados.

6.   Conectividade: A densidade dos nós nas redes de sensores impede-os de estarem completamente isolados uns dos outros. Por conseguinte, espera-se que os nós sensores estejam altamente ligados. No entanto, este facto pode não impedir que a topologia da rede varie devido a falhas dos nós. Por conseguinte, garantir a conetividade da rede é um requisito básico para a comunicação nestas redes.

7.   Cobertura: Cada nó sensor obtém uma determinada visão do ambiente. A visão de um determinado sensor do ambiente é limitada tanto em termos de alcance como de precisão; só pode cobrir uma área física limitada do ambiente. Por conseguinte, a cobertura da área é também um parâmetro de conceção importante nas RSSF.

Resumindo, os protocolos das RSSF devem ser (a) auto-configuráveis, para facilitar a implantação das redes, (b) eficientes em termos energéticos e robustos, para prolongar o tempo de vida do sistema, e (c) sensíveis à latência, para que a informação chegue ao utilizador final o mais rapidamente possível em algumas aplicações críticas. A investigação sobre RSSF apresentada nesta dissertação centra-se na forma como as caraterísticas (a), (b) e (c) são consideradas na conceção da arquitetura de protocolos nestas redes.

1.3 Protocolos de encaminhamento em redes ad hoc sem fios

Um dos mecanismos mais importantes e difíceis de manter nas redes ad hoc é o mecanismo de encaminhamento. Um protocolo de encaminhamento ad hoc não é mais do que um acordo entre os nós sobre a forma como controlam o encaminhamento dos pacotes entre si. Os nós de uma rede ad hoc descobrem rotas porque não têm qualquer conhecimento prévio da topologia da rede. Em geral, numa rede ad hoc sem fios, os nós têm uma lista de reencaminhadores que fazem o trabalho de retransmitir ou encaminhar os pacotes para os seus destinos finais. A semântica do protocolo de encaminhamento e as estruturas dos pacotes decidem como os pacotes são retransmitidos e o que e como o conteúdo é transferido de um nó para outro. De um modo geral, existem muitos protocolos de encaminhamento concebidos e desenvolvidos para as redes ad hoc sem fios. Os protocolos de encaminhamento em redes ad hoc são classificados principalmente em dois tipos. São eles

1. Protocolos de encaminhamento proactivos

2. Protocolos de encaminhamento reactivos

Existe uma outra classe designada por protocolos de encaminhamento híbridos que é basicamente uma mistura de protocolos proactivos e reactivos.

1.3.1   Protocolos de encaminhamento proactivos

Os protocolos de encaminhamento proactivos são protocolos de encaminhamento baseados em tabelas. As rotas são actualizadas continuamente e, quando um nó pretende encaminhar pacotes para outro nó, utiliza uma rota já disponível. Estes protocolos mantêm rotas para todos os destinos possíveis, mesmo que algumas delas não sejam necessárias. Cada nó da rede mantém tabelas de rotas e, quando a topologia da rede muda, são enviadas actualizações para toda a rede. Estes protocolos exigem que os nós enviem pacotes de controlo periodicamente para manter as rotas. Manter todas as rotas possíveis numa rede é difícil porque os pacotes de controlo para manutenção das rotas consomem muita largura de banda em ligações onde não há necessidade de transferência de dados. Estes protocolos implicam uma grande sobrecarga de encaminhamento. Os protocolos proactivos têm algumas vantagens muito boas. Estes protocolos encontram rotas muito facilmente, pelo que o tempo de resposta para o início da sessão entre os dois nós finais é muito reduzido. Destination sequenced distance vetor routing protocol (DSDV)[41], Optimized link state routing protocol (OLSR)[23], Wireless routing protocol (WRP) etc. estão incluídos na categoria de protocolos de encaminhamento proactivos. Segue-se uma breve descrição do protocolo DSDV[41]:

Protocolo de encaminhamento do vetor de distância sequenciado pelo destino:

• Neste protocolo, cada nó mantém uma tabela de entradas de encaminhamento. Cada entrada contém o endereço do destino, o número de saltos necessários para chegar ao destino e um número de sequência dado pelo destino para indicar a atualidade da rota. Este protocolo utiliza a contagem de saltos como métrica.

• As tabelas de encaminhamento são actualizadas sempre que há alterações na topologia. Existem dois tipos de actualizações de rotas, nomeadamente as descargas completas e as pequenas actualizações incrementais. As actualizações completas são actualizações de rotas transmitidas com pouca frequência e que contêm toda a informação da tabela de encaminhamento. Os pequenos incrementos são pacotes de controlo transmitidos com frequência que contêm apenas as informações alteradas desde a última descarga completa. São mantidas tabelas adicionais para armazenar as informações transportadas por estes pequenos incrementos.

• O número de sequência é o primeiro critério de seleção utilizado para selecionar um itinerário. É preferível uma rota recente. Se houver mais do que uma rota com o mesmo número de sequência, é selecionada a rota com o custo mais baixo (contagem de saltos, por exemplo). O DSDV, que é uma melhoria do algoritmo de encaminhamento Bellman-Ford, não é muito escalável.

1.3.2   Protocolos de encaminhamento reactivos

Nos protocolos de encaminhamento reactivos, quando há necessidade de encaminhar pacotes de um nó para outro, as rotas são determinadas a pedido entre esses dois nós. Estes protocolos de encaminhamento são também designados por protocolos de encaminhamento a pedido. Neste protocolo, o nó de origem inicia a fase de descoberta da rota. De certa forma, estes protocolos são também designados por protocolos de encaminhamento de origem. Existem basicamente duas fases no mecanismo de encaminhamento reativo depois de o nó desejar enviar dados para o destino. A primeira fase é designada por fase de descoberta da rota. Nesta fase, o nó de origem emite mensagens de pedido de rota que são difundidas por toda a rede. As rotas são adicionadas à lista quando os pacotes de resposta à rota originados no destino chegam à fonte através de vários encaminhadores. A fonte seleciona a rota com base na métrica utilizada e na semântica do encaminhamento. Uma vez estabelecida a rota, tem lugar a transferência de dados. A transferência de dados e a manutenção da rota andam de mãos dadas na segunda fase. O protocolo de encaminhamento dinâmico da fonte (DSR)[38], o protocolo AODV (Ad hoc On Demand Distance Vetor), o protocolo MR-LQSR (Microsoft research-link quality source routing protocol), etc., pertencem à categoria dos protocolos de encaminhamento reactivos.

1. Encaminhamento de fonte dinâmica (DSR)

• O DSR é considerado um protocolo de encaminhamento muito eficiente para redes ad hoc sem fios. Muitos protocolos foram derivados do DSR para se adaptarem aos respectivos ambientes de rede. O DSR é um protocolo amplamente utilizado para simular, avaliar e testar novos protocolos, métricas e outras caraterísticas de rede. O mecanismo de encaminhamento de origem dinâmica divide-se em duas fases.

i Descoberta da rota: Nesta fase, as mensagens de Routerequest (RReq) originadas pela fonte 'S' são inundadas em toda a rede. Quando o destino "D" recebe uma mensagem RReq, envia uma mensagem Routereply (RRep) para o nó de onde recebeu o pacote RReq. Este RRep acaba por ser enviado à fonte "S" através de múltiplos saltos. Desta forma, a fonte obtém uma lista de todas as rotas possíveis para o destino "D". Uma rota é selecionada com base num valor métrico melhor. A métrica utilizada no DSR simples é o hopcount. Assim, são sempre selecionados os caminhos mais curtos.

ii Manutenção da rota: Nesta fase, o nó de origem verifica se a rota estabelecida entre a origem e o destino está a funcionar em caso de alterações da topologia ou de ataques. É enviada uma mensagem RouteError à fonte quando se verifica que a rota foi interrompida num determinado ponto. Quando tal acontece, a fonte utiliza uma rota diferente ou inicia novamente a descoberta de rotas.

• No DSR não há sobrecarga de encaminhamento de atualização periódica e o encaminhamento é totalmente a pedido.

2. Ad hoc on demand distance vetor routing (AODV): O protocolo de encaminhamento AODV é outro protocolo de encaminhamento de origem e é uma versão melhorada do DSDV. O AODV encontra rotas a pedido, ao contrário do DSDV

que mantém rotas para todos os destinos. Seguem-se as fases do AODV.

i Fase de descoberta do caminho: Neste estado, o nó de origem envia o Routerequest (RReq) para os seus vizinhos, que por sua vez reencaminham o RReq para os seus vizinhos e assim sucessivamente até chegarem ao destino ou ao nó que tem uma nova rota para o destino. O RReq contém o broadcastID, que é incrementado sempre que um RReq é propagado através de uma ligação diferente, o número de sequência da fonte, um novo número de sequência que a fonte tem para o destino e o IP do destino. Assim que o RReq chega ao destino ou ao nó que tem uma nova rota para o destino, a resposta ao encaminhamento originada pelo nó de destino ou pelo nó intermédio que tem uma nova rota para o destino é unicasted seguindo a rota inversa para a fonte. Cada nó armazena o endereço de cada nó do qual recebeu o RReq, estabelecendo assim um caminho inverso.

ii Manutenção da rota: Cada rota é mantida juntamente com um temporizador e, quando este expira, a rota deixa de ser utilizada.

1.3.3   Protocolos de encaminhamento seguros

Os protocolos de encaminhamento seguro são outra secção dos protocolos de encaminhamento que têm algumas caraterísticas de segurança associadas. Authenticated Routing for Ad hoc Networks (ARAN), SecureAODV, etc. são alguns exemplos de protocolos de encaminhamento seguro. Os protocolos de encaminhamento seguro utilizam um conjunto de certificados criptográficos para garantir a segurança do mecanismo de encaminhamento. O protocolo de encaminhamento AODV seguro difere do AODV por ter pacotes de extensão de segurança para pedidos de itinerário, respostas ao itinerário e erros de itinerário. Segue-se uma breve descrição do ARAN.

Encaminhamento autenticado para redes Ad hoc

* ARAN proporciona segurança em termos de autenticação, integridade da mensagem e não repúdio.

* O mecanismo de encaminhamento ARAN é um processo de quatro fases. A

primeira fase é a fase de certificação, em que um servidor terceiro de confiança emite certificados para os nós que pretendem entrar na rede. Segue-se a fase de descoberta de rotas autenticadas, em que os nós de origem e de destino são autenticados de extremo a extremo através da troca de determinados dados. A fase de descoberta de rotas é muito semelhante à da DSR, exceto no que diz respeito à validação da assinatura em cada salto. A fase seguinte é a configuração autenticada da rota, em que é estabelecida uma rota quando a fonte verifica corretamente o destino. Depois vem a manutenção da rota, que é muito semelhante à de qualquer protocolo de encaminhamento a pedido.

• O ARAN é capaz de contrariar o ataque de participação não autorizada, a sinalização de rotas falsificadas, a fabricação e alteração de mensagens de encaminhamento, os ataques de repetição, etc., mas não é capaz de contrariar o ataque de buraco de minhoca. Em suma, os protocolos de encaminhamento seguro proporcionam segurança juntamente com uma sobrecarga criptográfica, criando assim um certo desequilíbrio entre a segurança e o desempenho do sistema.

1.3.4   Métricas de encaminhamento em redes ad hoc sem fios

Até à data, foram concebidas muitas métricas de encaminhamento para redes ad hoc sem fios e redes em malha. Métrica de contagem de saltos, ETX, ETT, WCETT, AETD, mETX, MIC

(a)   Contagem de saltos: Esta métrica é a métrica mais comum utilizada nas redes ad hoc sem fios. São selecionadas as rotas com um número mínimo de saltos. A métrica de contagem de saltos não é adequada se o ambiente de rede for sem fios. As razões são muito simples. A métrica de contagem de saltos não tem em consideração a qualidade de uma ligação sem fios, as interferências e os padrões de rádio, a taxa de dados, o tamanho dos pacotes, etc. A contagem de saltos nem sequer tem em conta o efeito de múltiplos rádios na rede.

(b).. ETX: Esta métrica tem em conta a qualidade da ligação. ETX é o número esperado de transmissões (incluindo retransmissões) necessárias para que um pacote seja transmitido com sucesso através de uma ligação sem fios. O ETX tem em conta as taxas de perda para a frente e para trás de uma ligação sem fios e prevê o número de transmissões (incluindo retransmissões). A ETX é aditiva no sentido em que a ETX de uma rota é a soma das ETXs das ligações que constituem essa rota. É selecionada a rota com um valor ETX baixo. O ETX não leva em conta a largura de banda disponível ou o tamanho do pacote.

$ETX = 1/((df^{*}\ dr))$ .... (Eq1.1) onde df e dr são os rácios de entrega nas direcções direta e inversa, respetivamente.

(c) ETT: ETT é o tempo de transmissão esperado que um pacote pode levar para percorrer uma ligação. ETT é igual ao produto de ETX calculado a partir da equação acima e a largura de banda estimada B para um pacote com tamanho S. $ETT= ETX^{*}\ S/B$ (Eq1.2) Como

ETX, ETT também não considera o efeito da diversidade de canais e é preferida a rota com a menor soma de ETTs de ligações individuais.

(d) WCETT: O WCETT é o tempo de transmissão esperado acumulado ponderado para enviar um pacote de uma extremidade a outra da rota. O WCETT é uma métrica de trajetória para redes ad hoc sem fios multi-rádio e multi-salto que tem em conta o ETT total e a diversidade do canal. A diversidade de canais é calculada a partir dos ETTs de estrangulamento, que serão discutidos claramente na secção de trabalhos relacionados. O WCETT oferece um compromisso entre o débito e o atraso. A rota com o menor WCETT é selecionada.

(e) AETD: O atraso de transferência esperado ajustado é uma melhoria em relação ao WCETT. O AETD considera o jitter juntamente com o atraso. O jitter é o tempo decorrido entre transmissões consecutivas de pacotes

f mETX: O mETX é muito semelhante ao ETX, exceto pelo facto de o mETX funcionar ao nível dos bits. As probabilidades de erro de bit são calculadas anotando as posições dos bits corrompidos e a sua dependência em relação às transmissões de pacotes bem sucedidas. Esta métrica é muito melhor para lidar com as variações de qualidade da ligação e para lidar com a instabilidade do meio.

1.4 Aplicações das MANETs

Com o aumento dos dispositivos portáteis e os progressos nas comunicações sem fios, as redes ad hoc estão a ganhar importância com o número crescente de aplicações generalizadas nos sectores comercial, militar e privado. As redes móveis ad hoc permitem aos utilizadores aceder e trocar informações independentemente da sua posição geográfica ou da proximidade de infra-estruturas. Ao contrário das redes de infra-estruturas, todos os nós das MANET são móveis e as suas ligações são dinâmicas. Ao contrário de outras redes móveis, as MANET não requerem uma infraestrutura fixa. Isto confere um carácter descentralizado vantajoso à rede. A descentralização torna as redes mais flexíveis e mais robustas.

- Setor militar: Atualmente, o equipamento militar contém habitualmente algum tipo de equipamento informático. As redes ad hoc permitiriam aos militares tirar partido da tecnologia de rede comum para manter uma rede de informação entre os soldados, os veículos e os quartéis-generais de informação militar. As técnicas de base das redes ad hoc provêm deste domínio

- Setor comercial: Ad hoc pode ser utilizado em operações de salvamento de emergência para esforços de socorro em caso de catástrofes, por exemplo, incêndios, inundações ou terramotos. Isto pode dever-se ao facto de todo o equipamento ter sido destruído, ou talvez porque a região é demasiado remota. As equipas de salvamento têm de poder comunicar para utilizar da melhor forma a sua energia, mas também para manter a segurança. Ao estabelecer automaticamente uma rede de dados com o equipamento de comunicações que as equipas de salvamento já transportam, o seu trabalho torna-se mais fácil. Outros cenários comerciais incluem, por exemplo, comunicações móveis ad hoc entre navios, aplicação da lei, etc.

- Baixo nível: Uma aplicação adequada de baixo nível pode ser em redes domésticas, onde os dispositivos podem comunicar diretamente para trocar informações. Do mesmo modo, noutros ambientes civis, como táxis, estádios desportivos, barcos e pequenas aeronaves, as comunicações móveis ad hoc terão muitas aplicações.

- Redes de dados: Uma aplicação comercial para as MANET inclui a computação ubíqua. Ao permitir que os computadores transmitam dados a outros, as redes de dados podem ser alargadas muito para além do alcance habitual das infra-estruturas instaladas. As redes podem tornar-se mais amplamente disponíveis e mais fáceis de utilizar.

- Redes de sensores: Esta tecnologia é uma rede composta por um grande número de pequenos sensores. Estes podem ser utilizados para detetar qualquer número de propriedades de uma área. Os exemplos incluem a temperatura, a pressão, as toxinas, a poluição, etc. As capacidades de cada sensor são muito limitadas e cada um deles tem de depender de outros para transmitir dados a um computador central. Os sensores individuais são limitados na sua capacidade de computação e estão sujeitos a falhas e perdas. As redes de sensores móveis ad-hoc podem ser a chave para a futura segurança interna.

1.5 Esboço do livro

O resto do livro está organizado da seguinte forma

- Capítulo 1: No capítulo 1, é apresentada uma panorâmica das redes. Foi feita uma breve introdução às redes ad hoc sem fios e às redes em malha. Neste capítulo, é apresentada uma breve panorâmica dos protocolos de encaminhamento utilizados nas MANET, incluindo os desafios da investigação em redes sem fios. Além disso, as aplicações das MANET foram brevemente discutidas.

- Capítulo 2: Este capítulo aborda principalmente os ataques em redes ad hoc sem fios. Fala sobre as vulnerabilidades da rede e os diferentes tipos de ataques utilizados pelos intrusos. Por último, são apresentadas resumidamente algumas contramedidas.

- Capítulo 3: No capítulo 3, é apresentada a revisão da literatura, o trabalho relacionado e os antecedentes desta tese. Fala-se de redes em malha sem fios e de alguns desafios relacionados com as redes em malha. Apresenta também alguns dos desafios a enfrentar no encaminhamento em redes ad hoc sem fios. Discute vários protocolos de encaminhamento para redes ad hoc sem fios.

• Capítulo 4: Neste capítulo, foi apresentada a motivação subjacente a este estudo, bem como a definição dos problemas do mesmo. Este capítulo descreveu brevemente a necessidade de propor um novo protocolo de encaminhamento E-SHARP e como este protocolo pode ajudar a evitar ataques ao mecanismo de encaminhamento. Este capítulo também enumera os objectivos do nosso trabalho proposto.

• Capítulo 5: Este capítulo aborda principalmente os contributos efectivos desta tese. Fala sobre este novo modelo proposto. Fala também da metodologia pormenorizada utilizada para o modelo proposto.

• Capítulo 6: Este capítulo apresenta a secção de resultados. O MATLAB foi utilizado como plataforma de simulação. As métricas de avaliação throughput, delay e drop ratio foram introduzidas e cada métrica é avaliada com base no valor da taxa de entrega de pacotes.

• Capítulo 7: Este capítulo aborda o trabalho futuro e as conclusões.

Capítulo 2

ameaças à segurança nas redes de transporte

2.1 Ameaças à segurança em redes móveis Ad Hoc

Antecedentes As redes ad hoc móveis (MANET) são uma das áreas de investigação em mais rápido crescimento. São uma tecnologia atractiva para muitas aplicações, como operações de salvamento e tácticas, devido à flexibilidade proporcionada pela sua infraestrutura dinâmica. No entanto, esta flexibilidade tem um preço e introduz novas ameaças à segurança. Além disso, muitas das soluções de segurança convencionais utilizadas para as redes com fios são ineficazes e ineficientes para os ambientes altamente dinâmicos e com recursos limitados em que é previsível a utilização das MANET. Para desenvolver soluções de segurança adequadas para esses novos ambientes, é preciso primeiro entender como as MANETs podem ser atacadas. Este capítulo apresenta uma análise exaustiva dos ataques contra um tipo específico de alvo, nomeadamente os protocolos de encaminhamento utilizados pelas MANET. As redes convencionais utilizam nós dedicados para realizar funções básicas como o encaminhamento de pacotes, o encaminhamento e a gestão da rede. Nas redes ad hoc, estas funções são executadas de forma colaborativa por todos os nós disponíveis. Os nós nas MANET utilizam a comunicação multi-hop: os nós que se encontram dentro do alcance de rádio uns dos outros podem comunicar diretamente através de ligações sem fios, enquanto os que se encontram afastados têm de recorrer a nós intermédios que actuam como encaminhadores para retransmitir mensagens. Os nós móveis podem deslocar-se, sair e entrar na rede e as rotas têm de ser actualizadas frequentemente devido à topologia dinâmica da rede.

Por exemplo, o nó S pode comunicar com o nó D utilizando o caminho mais curto S-A-B-D, como mostra a Figura 2.1 (as linhas a tracejado mostram as ligações diretas entre os nós). Se o nó A sair do alcance do nó S, terá de encontrar um caminho alternativo para o nó D (S-C-E-B-D). Foi desenvolvida uma variedade de novos protocolos para encontrar/atualizar rotas e, de um modo geral, proporcionar comunicação entre pontos terminais (mas nenhum protocolo proposto foi ainda aceite como norma). No entanto, estes novos protocolos de encaminhamento, baseados na cooperação

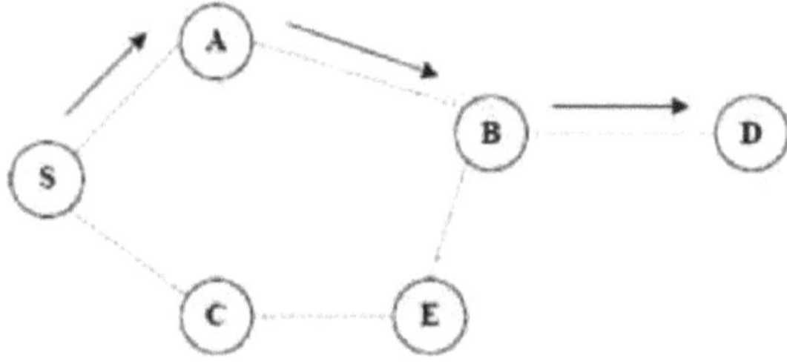

Figura 2.1: Comunicação entre nós na MANET

entre nós, são vulneráveis a novas formas de ataques. Infelizmente, muitos dos protocolos de encaminhamento propostos para as MANET não têm em conta a segurança. Além disso, as suas caraterísticas específicas - a ausência de pontos centrais, a topologia dinâmica, a existência de nós com grandes limitações - representam um desafio particular para a segurança. As caraterísticas específicas das MANET constituem um desafio para as soluções de segurança. Muitas das soluções de segurança existentes para as redes convencionais são ineficazes e ineficientes para muitos dos ambientes de implantação de MANET previstos. Consequentemente, os investigadores têm trabalhado na última década no desenvolvimento de novas soluções de segurança ou na alteração das actuais para que sejam aplicáveis às MANET. Uma vez que muitos protocolos de encaminhamento não têm em conta a segurança, alguma investigação centra-se no desenvolvimento de protocolos de encaminhamento seguros ou na introdução de extensões de segurança nos protocolos de encaminhamento existentes. Foram propostos protocolos de encaminhamento para combater actividades egoístas, obrigando os nós egoístas a cooperar. Os mecanismos de gestão de chaves existentes baseiam-se geralmente em pontos centrais onde podem ser colocados serviços como autoridades de certificação ou servidores de chaves. Como as MANET não dispõem de tais pontos, foi necessário desenvolver novos mecanismos de gestão de chaves para satisfazer os requisitos. Por último, dado que as técnicas de prevenção são invariavelmente limitadas em termos de eficácia, os sistemas de deteção de intrusões são geralmente utilizados para complementar outros mecanismos de segurança. Isto também se aplica às MANET e os investigadores propuseram novos IDS para detetar actividades maliciosas nestas redes. Se quisermos desenvolver soluções mais gerais, temos de começar por compreender bem as possíveis vulnerabilidades e riscos de segurança das MANET. Estas redes partilham as vulnerabilidades das redes com fios, como a escuta, a negação de serviço, a falsificação e outras, que são acentuadas pelo contexto ad hoc [29]. Apresentam ainda outras vulnerabilidades, como as que tiram partido da natureza cooperativa dos algoritmos de encaminhamento.

Estas vulnerabilidades das MANETs são resumidas na secção seguinte.

• Vulnerabilidades das ligações sem fios das MANETs: Em primeiro lugar, a utilização de ligações sem fios torna a rede suscetível a ataques como a escuta e a interferência ativa. Ao contrário das redes com fios, os atacantes não necessitam de acesso físico à rede para efetuar estes ataques. Além disso, as redes sem fios têm, normalmente, larguras de banda inferiores às das redes com fios. Os atacantes podem explorar esta caraterística, consumindo a largura de banda da rede com facilidade para impedir a comunicação normal entre os nós.

• Topologia dinâmica: Os nós das MANET podem sair e entrar na rede e deslocar-se de forma independente. Consequentemente, a topologia da rede pode mudar frequentemente. É difícil diferenciar o comportamento normal da rede do comportamento anómalo/malicioso neste ambiente dinâmico. Por exemplo, um nó que envia informações de encaminhamento perturbadoras pode ser um nó malicioso ou estar simplesmente a utilizar informações desactualizadas de boa fé. Além disso, a mobilidade dos nós significa que não podemos assumir que os nós, especialmente os críticos (servidores, etc.), estão protegidos em armários trancados como nas redes com fios. Os nós com proteção física inadequada podem frequentemente correr o risco de serem capturados e comprometidos.

- Cooperatividade: Os algoritmos de encaminhamento para as MANET partem normalmente do princípio de que os nós são cooperativos e não maliciosos. Consequentemente, um atacante malicioso pode facilmente tornar-se um agente de encaminhamento importante e perturbar as operações da rede, desobedecendo às especificações do protocolo. Por exemplo, um nó pode fazer-se passar por vizinho de outros nós e participar em mecanismos colectivos de tomada de decisões, podendo afetar significativamente a rede.

- Falta de uma linha de defesa clara: As MANET não têm uma linha de defesa clara; os ataques podem vir de todas as direcções [26]. A fronteira que separa o interior da rede do mundo exterior não é muito clara nas MANET. Por exemplo, não existe um local bem definido onde possamos instalar os nossos mecanismos de monitorização do tráfego e de controlo do acesso. Enquanto que, nas redes com fios, todo o tráfego passa por comutadores, routers ou gateways, nas MANETs a informação de rede é distribuída por nós que apenas podem ver os pacotes enviados e recebidos no seu raio de ação.

- Recursos limitados: As limitações de recursos são outra vulnerabilidade. Pode haver uma variedade de dispositivos nas MANET, desde computadores portáteis a dispositivos de mão, como PDAs e telemóveis. Estes dispositivos têm geralmente diferentes capacidades de computação e de armazenamento que podem ser objeto de novos ataques. Por exemplo, os nós móveis funcionam geralmente com bateria. Este facto levou ao aparecimento de ataques inovadores que visam este aspeto, por exemplo, o "Sleep Deprivation Torture [39]". Além disso, a introdução de mais funcionalidades de segurança na rede aumenta a carga de computação, comunicação e gestão [17]. Trata-se de um desafio para as redes que já têm recursos limitados.

Tabela 2.1: Alguns ataques à pilha de protocolos

Camada	Ataques
Camada de aplicação	Corrupção de dados, vírus e worms
Camada de transporte	Inundação SYN TCP/UDP
Camada de rede	Olá inundação , buraco negro
Camada de ligação de dados	Monitorização, análise de tráfego
Camada física	Evesdropping, interferência ativa

2.2 Ataques às MANET

Ao mais alto nível, os objectivos de segurança das MANET não são muito diferentes dos de outras redes, sendo os mais comuns a autenticação, a confidencialidade, a integridade, a disponibilidade e o não repúdio. A autenticação é a verificação de afirmações sobre a identidade de uma fonte de informação. A confidencialidade significa que apenas pessoas ou sistemas autorizados podem ler ou executar dados ou programas protegidos. É de notar que a sensibilidade da informação nas MANET pode decair muito mais rapidamente do que noutras informações. Por exemplo, a localização das tropas de ontem será normalmente menos sensível do que a de hoje. Integridade significa que a informação não é modificada ou corrompida por utilizadores não autorizados ou pelo ambiente. Disponibilidade refere-se à capacidade da rede de fornecer serviços conforme necessário. Os ataques de negação de serviço (DoS) tornaram-se um dos problemas mais preocupantes para os gestores de rede. Num ambiente militar, um ataque DoS bem sucedido é extremamente perigoso, e a engenharia de tais ataques é um objetivo de guerra moderno válido. Por último, o não-repúdio garante que as acções cometidas não podem

ser recusado. Nas MANET, os objectivos de segurança de um sistema podem mudar em diferentes modos (por exemplo, tempo de paz, transição para a guerra e tempo de guerra de uma rede militar). As caraterísticas das MANET tornam-nas susceptíveis a muitos ataques novos. No nível mais elevado, os ataques podem ser classificados de acordo com as pilhas de protocolos de rede. A Tabela 2.2 apresenta alguns exemplos de ataques em cada camada. Alguns ataques podem ocorrer em qualquer camada da pilha de protocolos de rede, por exemplo, interferência na camada física, hello flood na camada de rede e SYN flood na camada de transporte são todos ataques DoS. Como os novos protocolos de roteamento introduzem novas formas de ataques às MANETs, neste capítulo nos concentramos principalmente nos ataques à camada de rede

2.3Modelo Adversário

Os atacantes de uma rede podem ser classificados em dois grupos: atacantes internos e externos. Enquanto um atacante externo não é um utilizador legítimo da rede, um atacante interno é um nó autorizado e faz parte do mecanismo de encaminhamento nas MANET. Os algoritmos de encaminhamento são normalmente distribuídos e cooperativos por natureza e afectam todo o sistema. Embora um nó de uma MANET com informação privilegiada possa perturbar as comunicações da rede intencionalmente, pode haver outras razões para o seu comportamento aparentemente incorreto. Um nó pode falhar, ser incapaz de desempenhar a sua função por qualquer razão, como ficar sem bateria, ou haver conluios na rede. A ameaça de nós falhados é particularmente grave se estes forem necessários como parte de uma rota segura de emergência [29]. A sua falha pode mesmo resultar numa partição da rede, impedindo alguns nós de comunicar com outros nós na rede. Um nó egoísta também se pode comportar mal para reservar os seus recursos. Os nós egoístas aproveitam os serviços dos outros nós, mas não retribuem. Neste capítulo, concentramo-nos principalmente nos ataques efectuados por nós maliciosos que visam intencionalmente perturbar a comunicação na rede. Devemos também considerar os objectivos de utilização indevida dos atacantes. Nos ataques de encaminhamento, os atacantes não seguem as especificações dos protocolos de encaminhamento e têm como objetivo perturbar a comunicação da rede das seguintes formas

(a)   Perturbação da rota: Modificar rotas existentes, criar loops de encaminhamento e fazer com que os pacotes sejam encaminhados ao longo de uma rota que não é a ideal, inexistente ou errónea.

(b)   Isolamento de nós: Isolamento de um nó ou de alguns nós da comunicação com outros nós da rede, divisão da rede, etc.

(c)   Consumo de recursos: Diminuição do desempenho da rede, consumo de largura de banda da rede ou de recursos do nó, etc.

Ning et al. consideram cada um destes objectivos na sua investigação que analisa os ataques internos contra o AODV [25]. A concretização destes objectivos depende das capacidades do adversário. Os principais factores que afectam o desempenho de um ataque são identificados a seguir.

* Poder computacional: Afecta claramente a capacidade de um atacante comprometer uma rede. Esse poder não precisa de estar localizado na rede ligada - o tráfego escutado pode ser retransmitido para redes de supercomputação de alto desempenho para análise.

* Capacidade de implantação: A distribuição dos adversários pode variar de um único nó a um tapete difuso de contra-pó inteligente, com a consequente variação das capacidades de ataque [18]. Este tipo de distinção pode afetar a capacidade de espionagem, de empastelar eficazmente uma rede e de escapar à destruição (por exemplo, um único empastelador potente pode ser facilmente eliminado, enquanto o empastelamento distribuído é mais difícil de extinguir).

* Controlo da localização: A localização dos nós do adversário pode ter um impacto claro no que o adversário pode fazer. Um adversário pode ser limitado a colocar nós de ataque no limite geográfico de uma rede inimiga (mas pode escolher as localizações exactas), pode plantar nós específicos

(por exemplo, nós deixados para trás em território prestes a ser desocupado), ou podem ter a capacidade de criar, post facto, um tapete difundido de pó inteligente (onde podem ser atingidos graus arbitrários de difusão).

* Mobilidade: A mobilidade traz geralmente um aumento de potência. (Um nó móvel pode sempre permanecer estacionário.) Por outro lado, a mobilidade pode impedir que um atacante vise continuamente uma vítima específica. Por exemplo, um

nó em movimento pode não receber todos os pacotes de encaminhamento falsificados iniciados pelo atacante. Em [27], Sun et al definiram este fenómeno como sendo uma "vítima parcial". Além disso, afirmaram que, embora reduza os danos causados pelo atacante, torna a deteção mais difícil, uma vez que é difícil distinguir os sintomas de um ataque dos que surgem devido à natureza dinâmica da rede. Em conclusão, o impacto da mobilidade na deteção é uma questão complexa.

• Dada a natureza ágil das MANET, é difícil determinar um modelo de adversário aplicável. No entanto, os sistemas podem ser avaliados em relação a uma série de modelos representativos de ameaças.

2.4 Ataques

Podemos classificar os ataques como passivos ou activos.

2.4.1 Ataque passivo

Num ataque passivo, um nó não autorizado monitoriza e procura obter informações sobre a rede. Os atacantes não precisam de comunicar com a rede. Assim, não perturbam as comunicações nem causam danos diretos à rede. No entanto, podem ser utilizados para obter informações para futuros ataques prejudiciais. Exemplos de ataques passivos são a escuta e a análise de tráfego.

Os ataques de escuta, também conhecidos como ataques de divulgação, são ataques passivos efectuados por nós externos ou internos. O atacante pode analisar as mensagens de difusão para revelar alguma informação útil sobre a rede. Na literatura, foram propostas soluções para proteger a interface de rádio de ataques como os ataques de espionagem (e empastelamento), por exemplo, a comunicação por espetro alargado e o salto de frequência [37].

A análise de tráfego não é necessariamente uma atividade totalmente passiva.

É perfeitamente viável envolver-se em protocolos ou procurar provocar a comunicação entre nós. Os atacantes podem empregar técnicas como a deteção da direção de RF, a análise da taxa de tráfego e a monitorização da correlação temporal. Por exemplo, ao

A análise temporal pode revelar que dois pacotes que entram e saem de um nó de encaminhamento explícito no momento t e t + e são provavelmente provenientes do mesmo fluxo de pacotes [24]. A análise do tráfego em redes ad hoc pode revelar:

- A existência e a localização dos nós;

- A topologia da rede de comunicações;

- Os papéis desempenhados pelos nós;

- As actuais fontes e destino das comunicações; e

- A localização atual de indivíduos ou funções específicas

2.4.2   Ataques activos

Estes ataques provocam alterações de estado não autorizadas na rede, como a negação de serviço, a modificação de pacotes, etc. Estes ataques são geralmente lançados por utilizadores ou nós com autorização para operar na rede. Classificamos os ataques activos em quatro grupos: ataques de abandono, de modificação, de fabrico e de temporização. É de notar que um ataque pode ser classificado em mais do que um grupo.

-    Ataques de Dropping: Os nós maliciosos ou egoístas descartam deliberadamente todos os pacotes que não lhes são destinados. Enquanto os nós maliciosos têm como objetivo interromper a ligação à rede, os nós egoístas têm como objetivo preservar os seus recursos. Os ataques de descarte podem impedir as comunicações de ponta a ponta entre os nós, se o nó de descarte estiver num ponto crítico. Podem também reduzir o desempenho da rede, provocando a retransmissão de pacotes de dados, a descoberta de novas rotas para o destino, etc.

-    Ataques de modificação: Os atacantes internos modificam os pacotes para perturbar a rede. Por exemplo, no ataque sinkhole, o atacante tenta atrair quase todo o tráfego de uma determinada área através de um nó comprometido, tornando o nó comprometido atrativo para outros nós. É especialmente eficaz em protocolos de encaminhamento que utilizam informações anunciadas, como a energia restante e o nó mais próximo do destino, no processo de descoberta de rotas. Um ataque do tipo sinkhole pode ser utilizado como base para outros ataques, como os ataques de abandono e de reencaminhamento seletivo. Um ataque de buraco negro é semelhante a um ataque de buraco negro que atrai tráfego através de si próprio e o utiliza como base para outros ataques. O objetivo é impedir que os pacotes sejam encaminhados para o destino. Se o buraco negro for um nó virtual ou um nó fora da rede, é difícil de detetar [19].

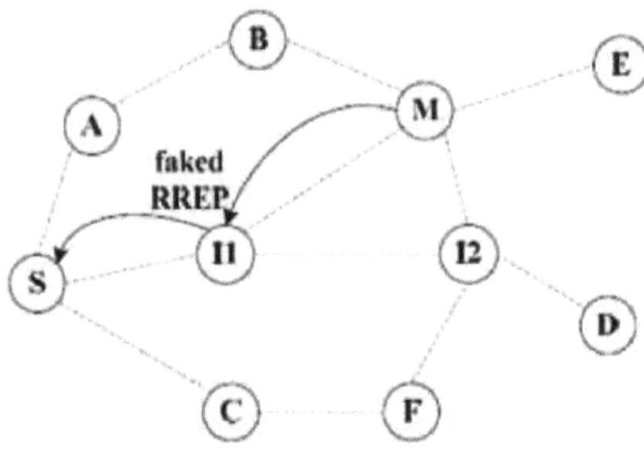

Figura 2.2: Um ataque de resposta forjada

-       Ataques de fabricação: Neste caso, o atacante falsifica os pacotes de rede. Em [25], os ataques de fabricação são classificados em "falsificação ativa", em que os atacantes enviam mensagens falsas sem receberem qualquer mensagem relacionada, e "falsificação de resposta", em que o atacante envia mensagens falsas de resposta de rota em resposta a mensagens legítimas de pedido de rota relacionadas. No ataque de falsificação de resposta, o atacante falsifica uma mensagem de resposta ao itinerário depois de receber uma mensagem de pedido de itinerário. A mensagem de resposta contém informações de encaminhamento falsificadas, mostrando que o nó tem uma nova rota para o nó de destino no AODV, a fim de suprimir as rotas reais para o destino. Causa perturbações na rota, fazendo com que as mensagens sejam enviadas para um nó inexistente ou colocando o próprio atacante na rota entre dois pontos finais de um canal de comunicação, se o atacante interno já tiver uma rota para o destino. A Figura 2.2 mostra um exemplo de um ataque de falsificação de resposta definido em [25]. A melhor rota (com o mínimo de saltos) do nó S para o nó D é S-I1-I2-D. O nó malicioso M forja uma mensagem RREP para o nó de origem S através do nó I1. A mensagem afirma vir do nó de destino D com um número de sequência de destino mais elevado para suprimir a rota existente. A mensagem falsa resulta na atualização da entrada de rota para o nó de destino nas tabelas de encaminhamento dos nós S e I1. O nó I1 reencaminha os pacotes de dados para o nó malicioso em vez do nó I2, uma vez que o nó M parece ter uma nova rota para o nó D, pelo que a nova rota passa a ser S-I1-M-I2-D.

- Ataques de temporização: Um atacante atrai outros nós fazendo com que ele próprio pareça estar mais próximo desses nós do que realmente está. Os ataques DoS, rushing attacks e hello flood attacks utilizam esta técnica.

- Rushing attacks[45]: ocorrem durante a fase de descoberta de rotas. Em todos os protocolos on-demand existentes, um nó que precisa de uma rota transmite uma mensagem de

O sistema de transmissão de mensagens de pedido de rota é um sistema de transmissão de mensagens de pedido de rota e cada nó encaminha apenas o primeiro pedido de rota que chega, a fim de limitar a sobrecarga de inundação de mensagens. Assim, se o Route Request enviado pelo atacante chegar primeiro ao destino, serão descobertas rotas que incluem o atacante em vez de rotas válidas. Os ataques de precipitação podem ser efectuados de várias formas: ignorando os atrasos nas camadas MAC ou de encaminhamento, através de ataques de wormhole, mantendo as filas de transmissão de outros nós cheias ou transmitindo pacotes com uma potência de transmissão sem fios mais elevada [45].

- Ataque de inundação Hello[20]: é outro ataque que torna o adversário atrativo para muitas rotas. Em alguns protocolos de encaminhamento, os nós transmitem pacotes Hello para detetar nós vizinhos. Estas mensagens são recebidas por todos os nós vizinhos de um salto, mas não são reencaminhadas para outros nós. O atacante difunde muitos pacotes Hello com uma potência de transmissão suficientemente grande para que cada nó que recebe os pacotes Hello assuma que o nó adversário é seu vizinho. Pode ser altamente eficaz tanto em protocolos MANET proactivos como reactivos.

2.5 Contra-medidas

Em geral, evitamos o comprometimento sempre que possível (soluções proactivas), mas procuramos detectá-lo e lidar com ele quando a prevenção não funciona (soluções reactivas). Nesta secção, discutimos as soluções proactivas e reactivas propostas para as MANET.

2.5.1   Técnicas de prevenção: Roteamento seguro

Muitos dos ataques acima descritos poderiam ser evitados através da inclusão de técnicas de autenticação no protocolo de encaminhamento [30], [31], [32]. A ideia principal é garantir que todos os nós que pretendam participar no processo de encaminhamento sejam nós autenticados, ou seja, elementos de rede fiáveis que se comportarão de acordo com as regras do protocolo. A autenticação deve ser aplicada durante todas as fases do encaminhamento, impedindo assim que nós não autorizados (incluindo atacantes) participem no encaminhamento e, por conseguinte, lancem ataques de encaminhamento. A autenticação pode ser efectuada com base em criptografia de chave pública ou criptografia simétrica. No primeiro caso, os nós emitem assinaturas digitais associadas às mensagens de encaminhamento. As assinaturas podem ser verificadas por qualquer outro nó, fornecendo uma prova segura da identidade do remetente. Podem ser construídas provas digitais com propriedades semelhantes utilizando criptografia de chave secreta, como os MAC (Message Authentication Codes). A utilização da criptografia vem acompanhada de um problema associado: a necessidade de um mecanismo para a emissão, troca e revogação de chaves. A gestão das chaves nas MANET é geralmente mais difícil do que nas redes clássicas com fios, devido à ausência de qualquer infraestrutura ou de autoridades administrativas centrais. Não existe um ponto ou pontos óbvios onde possam ser colocados serviços como autoridades de certificação ou servidores de chaves, e a grande maioria das soluções propostas até à data baseia-se em esquemas em que todo o sistema de gestão de chaves é distribuído por um subconjunto dos nós móveis

2.5.2   Resumo

Neste capítulo, analisámos as principais questões de segurança nas MANET. Estas redes têm a maior parte dos problemas das redes com fios e muitos mais devido às suas caraterísticas específicas: topologia dinâmica, recursos limitados (por exemplo, largura de banda, energia), ausência de pontos de gestão central. Em primeiro lugar, apresentámos as vulnerabilidades específicas deste novo ambiente. Em seguida, analisámos os ataques que exploram estas vulnerabilidades e as possíveis soluções proactivas e reactivas propostas na literatura. Os ataques são classificados em ataques passivos e activos ao mais alto nível. Uma vez que os protocolos de encaminhamento propostos para as MANET são inseguros, centrámo-nos principalmente nos ataques de encaminhamento activos, que se classificam em ataques de abandono, modificação, fabrico e temporização. Os atacantes também foram discutidos e examinados como atacantes internos e externos. Os ataques internos são examinados no nosso protocolo de encaminhamento exemplar, o AODV.

As técnicas de segurança convencionais não são diretamente aplicáveis às MANET devido à sua própria natureza. Os investigadores concentram-se atualmente no desenvolvimento de novos mecanismos de prevenção, deteção e resposta para as MANET. Neste capítulo, resumimos as abordagens de encaminhamento seguro propostas para as MANET. A dificuldade da gestão de chaves neste ambiente distribuído e cooperativo também é discutida.

Capítulo 3

Pesquisa bibliográfica

3.1 Revisão da literatura

As MANET são um domínio emergente no sistema de comunicações sem fios. São amplamente utilizadas para uma variedade de aplicações. Algumas aplicações, como as militares, necessitam de comunicações seguras. Para garantir este anonimato, são utilizados protocolos anónimos para o encaminhamento. Anonimato significa manter a privacidade das entidades, bem como dos percursos. A privacidade das entidades significa esconder a identidade e a posição dos nós que estão a participar na comunicação. A privacidade das rotas significa que ninguém pode traçar o caminho. Devido à abertura e às caraterísticas distribuídas das MANET, não existem restrições de adesão. Assim, há hipóteses de um nó malicioso entrar no sistema. Atualmente, existem muitos protocolos de encaminhamento anónimo. Mas eles não podem fornecer todo o anonimato em conjunto. A maior parte deles baseia-se na localização. Estão a utilizar protocolos de encaminhamento geográfico (Exemplo - Greedy Perimeter Stateless Routing Protocol) como protocolo de base. ALARM, ZAP, SDDR, ALERT são alguns dos protocolos de encaminhamento anónimo existentes. O Greedy Perimeter Stateless Routing (GPSR) é uma variante simplificada do protocolo GFG. Aqui, o nó seleciona o nó de encaminhamento que está mais próximo do destino. O ALARM (Anonymous Location-Aided Routing) requer um gestor de grupo (GM) off-line que inicializa o sistema de assinatura de grupo subjacente que regista todos os nós autênticos como membros do grupo. Em caso de litígio, o GM é responsável por abrir a assinatura de grupo contestada e determinar o signatário. O GM pode também ter de lidar com as próximas adesões de novos membros, bem como com o cancelamento de membros existentes. Cada nó transmite a sua LAM (Location Announcement Message). Cada nó que recebe uma LAM, verifica a assinatura do grupo. O nó transmite a mensagem aos seus vizinhos se a assinatura for válida. Depois de receber a LAM, cada nó mantém um mapa e um gráfico de conetividade. Quando um nó pretende efetuar uma comunicação, verifica se existe um nó nessa posição. Em seguida, envia a mensagem para esse destino utilizando o seu pseudónimo. A mensagem enviada é encriptada utilizando a chave pública no seu LAM. O ARM (Anonymous Routing Protocol for Mobile Ad hoc Networks) esconde as rotas na rede contra ataques passivos globais e locais. Os nós no interior da rede não poderão determinar se recebem a mensagem da fonte efectiva ou do reencaminhador devido ao preenchimento de probabilidades. Oculta o caminho real entre a origem e o destino numa nuvem. Este protocolo não requer quaisquer operações criptográficas. O algoritmo de encaminhamento distribuído dinâmico seguro (SDDR) é um protocolo de encaminhamento anónimo com caraterísticas distribuídas. Aqui, o nó de origem não precisa de manter a informação sobre toda a topologia da rede. O emissor transmite a mensagem ao recetor. Os nós de encaminhamento utilizam técnicas criptográficas para encriptar a mensagem utilizando chaves de sessão. Inserem a sua identificação juntamente com a mensagem cifrada. Esta mensagem é reencaminhada para os nós vizinhos até chegar ao destino. Só o nó de destino a pode desencriptar. Quando recebe o destino, envia-o de volta para o remetente pelo caminho inverso. Aqui, cada nó intermédio efectua o procedimento de encriptação. Assim, baseia-se na encriptação em várias camadas. Garante o anonimato.

No ANODR, o processo de descoberta de rotas cria uma rota a pedido entre um emissor e um recetor. Aqui, o pseudónimo da rota é mantido para cada salto. O pseudónimo da rota baseia-se numa difusão com alçapão. Os nós MASK utilizam pseudónimos para o procedimento de encaminhamento. Os pseudónimos são utilizados como alternativa à sua identificação real. O pseudónimo não tem de ser o mesmo para toda a comunicação. Por conseguinte, cada nó deve utilizar pseudónimos que mudam dinamicamente. O ALERT é outro protocolo de encaminhamento anónimo que se baseia em zonas. Aqui, toda a rede é dividida em zonas, de modo a que o emissor e o recetor não estejam na mesma zona. O procedimento de encaminhamento é baseado no protocolo GPSR. O nó de encaminhamento é o vizinho que está muito próximo do destino. Para proteger as identidades dos nós, cada nó utiliza pseudónimos dinâmicos em vez das suas identidades originais. Para garantir o anonimato da fonte, é utilizado o mecanismo "notify and go". O destino é protegido por difusão local e multicast. Existem muitos protocolos de encaminhamento anónimo deste tipo. Alguns deles baseiam-se na localização. ALARM, ALERT, PRISM são alguns dos exemplos. ALERT, ZAP são protocolos baseados em zonas. ANODR e DASR são baseados em técnicas criptográficas. O MASK utiliza pseudónimos para garantir o anonimato. A maior parte deles não consegue garantir o anonimato total em conjunto. O ALARM não pode fornecer a localização do remetente e do destinatário, o SDDR não tem a privacidade da rota e o ZAP concentra-se apenas na privacidade do destino. Alguns trabalhos existentes não suportam o anonimato do itinerário. A maior parte deles gera custos elevados. O resto do capítulo apresenta um estudo pormenorizado dos protocolos de encaminhamento seguro para MANETS

3.2Inquérito pormenorizado

Remya S Lakshmi K S, 2015 em [1] propôs um protocolo de roteamento anónimo para MANETs. Este artigo propõe o protocolo de roteamento anónimo hierárquico seguro (SHARP) baseado no roteamento de clusters. O SHARP é um protocolo de encaminhamento anónimo baseado em clusters ou grupos. Aqui, os nós da rede são agrupados. O agrupamento baseia-se no alcance e na posição de cada nó. O nó e os seus vizinhos de um salto são agrupados. Ou seja, os nós com uma distância específica são agrupados para formar um cluster. Em seguida, o encaminhamento é estabelecido entre os grupos. Cada grupo é mantido por um identificador de grupo. A comunicação é encriptada pelo método RSA. Existem dois tipos de comunicação no sistema. A comunicação intergrupos e a comunicação intragrupos. Assim, os nós dentro do grupo conseguem perceber qual é o emissor e qual é o recetor. Mas os nós fora do grupo vêem todas estas comunicações em termos de identificador de grupo. Assim, o SHARP proporciona o anonimato da rota, da identidade e da localização da fonte e do destino. Teoricamente, o SHARP consegue uma melhor proteção do anonimato em comparação com outros protocolos de encaminhamento anónimo.

S. Kalai Selvil, V. Ganeshkumar2, 2014 em [2] propuseram um protocolo de encaminhamento eficiente em termos energéticos Para proporcionar uma elevada proteção do anonimato a baixo custo, os autores propuseram o protocolo Energy-aware Anonymous Routing (EARP). O EARP divide dinamicamente a área da rede em zonas e escolhe aleatoriamente nós nas zonas como Relay Nodes (RN) intermédios, que formam uma rota anónima não previsível. O EARP oferece proteção do anonimato a fontes, destinos e rotas. Além disso, oculta os receptores/iniciadores de dados entre muitos receptores/iniciadores para reforçar a proteção do anonimato da fonte e do destino. O EARP utiliza o protocolo E-GPSR (Energy-aware Greedy Perimeter Stateless Routing). Dispõe igualmente de estratégias para combater eficazmente os ataques temporais e sybil. A EARP atinge uma eficiência de encaminhamento comparável à do protocolo de encaminhamento geográfico GPSR

S. Imran, R. V. Karthick, P. Visu ,2015 em [10] Este artigo estudou e discutiu sobre os vários protocolos existentes e como eles são eficientes no ambiente de ataque.Os protocolos como, ALARM: Anonymous Location- Aided Routing in Suspicious MANET, ARM: Anonymous Routing Protocol for Mobile Ad Hoc Networks, Privacy-Preserving Location-Based On-Demand Routing in MANETs, AO2P Ad Hoc on-Demand Position-Based Private Routing Protocol, Anonymous Connections. Neste documento, os autores propuseram um novo conceito, combinando dois protocolos propostos com base na localização geográfica: ALERT, que se baseia principalmente na encriptação de saltos nó a nó e no tráfego intermitente. E o Greedy Perimeter Stateless Routing (GPSR), um novo protocolo baseado na localização geográfica para redes sem fios que utiliza a posição do router e o destino de um pacote para efetuar o encaminhamento dos pacotes. Segue o método guloso de encaminhamento, utilizando a informação sobre o encaminhador imediatamente vizinho na rede. Os resultados da simulação demonstraram a eficiência do protocolo DD-SARP proposto, com um melhor desempenho em comparação com os protocolos existentes. Rangara, R.R., Jaipuria, R.S., Yenugwar, G.N., Jawandhiya, P.M , 2010 em [9] propõe um esquema que utiliza vários protocolos de encaminhamento. Uma vez que diferentes protocolos de encaminhamento são propensos a diferentes tipos de ataques, a ideia proposta é mudar o protocolo de encaminhamento em função de um determinado tipo de ataque detectado na rede. A solução detecta três tipos de ataques: buraco negro, estouro da tabela de encaminhamento e ataque de tortura por privação de sono. O ataque do buraco negro é detectado pela funcionalidade de cão de guarda. Um nó que transmite uma mensagem ao nó seguinte controla se esta é corretamente reencaminhada pelo nó seguinte ou não. O ataque de transbordamento da tabela de encaminhamento ocorre quando os nós ao longo de uma rota enviam desnecessariamente confirmações à fonte. Ao enviar um valor limite para o número de pacotes de confirmação, este ataque pode ser detectado. A tortura de privação de sono ocorre quando, durante a descoberta de rotas, um nó envia várias respostas de rotas à fonte, consumindo assim os recursos da fonte. A abordagem adoptada para a deteção do ataque de transbordo de encaminhamento também pode ser aplicada para detetar este tipo de ataque. Uma vez detectado um ataque, é efectuada a mudança do protocolo de encaminhamento. Se for detectado um ataque de buraco negro na rede, o algoritmo tenta mudar para o protocolo On-demand Secure Routing Protocol (OSRP); caso contrário, é selecionado o protocolo Secure Link State Routing Protocol (SLSP).

Seys, S., Preneel, B ,2009 in[11] propõe o ARM, um esquema de encaminhamento anónimo que se baseia num alçapão gerado com pseudónimos de uso único. Os pseudónimos podem ser gerados utilizando contadores ou relógios sincronizados. Durante a descoberta da rota, a fonte gera um datagrama que inclui o ID do destino, um segredo gerado e uma chave privada, o valor TTL e o pseudónimo. Uma mensagem RREQ é difundida na rede. O RREQ inclui pseudónimos, TTL, chave pública do destino, informações do datagrama e identificador de ligação. Os nós intermédios que recebem o RREQ geram um novo identificador de ligação e acrescentam-no ao campo de identificadores de ligação do RREQ. Tudo é então encriptado com a chave pública do destino e depois retransmitido. Durante o RREP de resposta à rota, o campo de datagrama do RREQ é desencriptado. O nó gera então uma cebola completa que encapsula os nós intermédios a percorrer. O RREP é então difundido na rede. Os nós intermédios efectuam vários tipos de verificações para verificar se estão na rota anónima, retiram uma camada da cebola e propagam a resposta utilizando os identificadores de ligação

Li, X., Li, H., Ma, J., Zhang , 2009 em [12] também propõe um protocolo de encaminhamento anónimo eficiente chamado EARP. O protocolo é baseado no roteamento onion onde cada mensagem de pedido e resposta de roteamento é encriptada com uma chave de confiança. Uma mensagem Hello é enviada de volta para a fonte durante a descoberta para confirmar que o nó é um nó de confiança para o ancestral. Hong, J.K.A.X , 2013 em [21] propõe ANODR[33] foi o primeiro protocolo de encaminhamento anónimo proposto para MANET. Assume-se que a fonte e o destino partilham uma chave secreta. Durante a descoberta da rota, a fonte gera um identificador de trapdoor encriptando a mensagem "you are destination" com a chave partilhada. O pedido de rota contém: número de sequência, identificador de alçapão (utilizando a chave secreta), uma chave pública de uso único e uma estrutura cebola. A estrutura em cebola consiste na encriptação sucessiva de uma mensagem "você é a fonte" utilizando chaves secretas de nós intermédios. Os nós intermédios acrescentam a sua chave pública única à mensagem. Cada nó intermédio armazena a chave pública do salto anterior na sua tabela. Esta é utilizada durante a propagação da resposta ao itinerário. O destino pode reconhecer se é o destino pretendido se conseguir abrir o alçapão. O destino gera então uma nova chave de ligação. A resposta ao itinerário é gerada e inclui uma chave de ligação encriptada com a chave pública do nó anterior e a estrutura cebola encriptada com a chave de ligação. O nó que recebe a resposta desencripta a chave de ligação com a sua chave privada e utiliza a chave de ligação para obter a estrutura da cebola. Se o nó conseguiu retirar com sucesso o anel cebola, o nó estava no caminho da rota. O nó gera então a resposta encriptando a chave da ligação e a estrutura da cebola. A fonte receberá a mensagem "you are source" (você é a fonte) depois de remover a estrutura cebola.

Raj, P.N., Swadas, P.B ,2009 em [10] propõe um esquema chamado DPRAODV para detetar o ataque black hole com base no número de sequência dos pacotes RREP. Se o número de sequência for superior a um limiar, o nó é marcado como estando na lista negra. Neste caso, é gerada uma mensagem de ALARME para notificar os outros nós.

Para penalizar o nó na lista negra, as tabelas de encaminhamento do nó não são actualizadas nem as suas mensagens são encaminhadas. Para calcular o valor limite, calcula-se primeiro a diferença entre o número de sequência do pacote RREP e o valor na tabela de encaminhamento. A média deste valor de diferença é definida como o valor de limiar. O valor limiar é atualizado assim que é recebido um novo RREP. Desta forma, o modelo detecta o buraco negro e evita o ataque em alguns casos.

Buttya, A.G.L., Vajda, I.N, 2006 em [13] propõe endairA[43] que é uma inspiração do protocolo Ariadne que, em vez de verificar o pedido, verifica as mensagens de resposta ao percurso. Durante a descoberta de rotas, o pedido contém o identificador da fonte, do destino e do pedido gerado. Os nós intermédios acrescentam o seu identificador ao pacote e retransmitem-no. Quando o pacote chega ao destino, é gerada uma resposta ao pedido e enviada de volta através do percurso inverso. A resposta inclui a identificação da origem e do destino, a rota acumulada e uma assinatura digital. Os nós intermédios que processam a resposta verificam a assinatura e certificam-se de que o nó seguinte e o anterior são seus vizinhos. Se a verificação for bem sucedida, o nó intermédio também assina o pacote de resposta e encaminha-o para o nó seguinte. Outra inspiração do Ariadne é o APALLS [8], que foi concebido para fornecer um encaminhamento seguro e não fiável em MANET. O protocolo pressupõe uma rede com um servidor Web e uma autoridade de certificação no backend. Durante a descoberta de rotas, o RREQ inclui a assinatura digital da fonte, o hash por salto e uma lista opcional de nós na lista negra. Os nós intermédios verificam a assinatura do pedido de encaminhamento. O nó de destino efectua várias verificações de consistência e, em seguida, é gerada uma resposta RREP. No caso de um ataque ativo na rede, é também gerada uma prova não repudiável (pacote assinado pelo atacante).

A. K. Khasnikar ,2015 in [3] propõe um protocolo de encaminhamento anónimo baseado na localização e eficiente (ALERT) para proporcionar uma elevada proteção do anonimato para a origem, o destino e a rota com baixo custo. O ALERT divide dinamicamente um campo de rede em zonas e escolhe aleatoriamente nós em zonas como nós de retransmissão intermédios, que formam uma rota anónima não rastreável

[12][3]. Especificamente, em cada etapa de encaminhamento, um remetente ou reencaminhador de dados divide o campo da rede de modo a separar-se a si próprio e ao destino em duas zonas. Em seguida, escolhe aleatoriamente um nó na outra zona como o próximo nó de retransmissão e utiliza o algoritmo GPSR para enviar os dados para o nó de retransmissão. No último passo, os dados são difundidos para k nós na zona de destino e os dados serão retidos apenas pelo nó recetor; os outros nós libertarão os dados. Deste modo, a rede é capaz de impedir muitos ataques, uma vez que proporciona proteção de anonimato às fontes, aos destinos e às rotas. N. W. Lo, M. C. Chiang, C. Y. Hsu ,2015 em [4] propõe o protocolo Hash-based Anonymous Secure Routing (HASR) para MANETS, cujo design é baseado na função hash unidirecional resistente à colisão e no mecanismo de geração/troca de pseudo-nomes. Uma vez que não é utilizada qualquer criptografia de chave ou mecanismo de cebola criptográfica no nosso protocolo, o HASR gasta muito menos tempo de computação e largura de banda da rede durante as operações de encaminhamento em comparação com as soluções existentes. Todos os nós não precisam de trocar qualquer informação da tabela de encaminhamento antes de comunicarem com outro nó. O mecanismo de difusão é adotado para construir a tabela de encaminhamento dinamicamente em cada nó. Cada nó mantém apenas alguns registos úteis na sua tabela de encaminhamento quando efectua a descoberta de encaminhamento. Numa tabela de encaminhamento, os registos desactualizados serão substituídos pelos actualizados. Os resultados mostram que o HASR gasta o menor tempo de operação criptográfica e consome o menor tamanho de pacote de controlo de rota. Além disso, o nosso protocolo não precisa de estabelecer antecipadamente qualquer segredo entre os nós de origem e de destino; por conseguinte, não tem o custo da troca de chaves secretas entre dois nós comunicantes e da gestão de chaves de cada nó numa MANET.

M. Khatkar, N. Phogat, B. Kumar , 2014 em [5] propõe o protocolo Alarm é Anonymous Location-Aided Routing in MANET . Ele é baseado em roteamento proativo e de estado de link. Ele constrói um mapa MANET seguro usando a localização atual dos nós usando LAM. A informação de localização está disponível através de receptores GPS. As principais caraterísticas do ALARM são a privacidade, a segurança, a integridade dos dados, a autenticação dos nós através da técnica de assinatura de grupo e o anonimato. Actualiza proactivamente o mapa da rede utilizando a localização atual dos nós. Previne contra ataques passivos e activos. O protocolo de alarme proporciona segurança contra ataques internos e externos utilizando a autenticação mútua. Na MANET, existem muitas ameaças internas à segurança, tais como Replay Attack, Black hole e Selective Packet Drop, que degradam o desempenho da MANET mesmo depois de uma forte integridade e autenticação, é usado. Neste artigo, propusemos um mecanismo para evitar estes ataques (ataque de repetição) na autenticação mútua baseada no ALARM utilizando a técnica de monitorização. Este mecanismo ajuda a isolar o nó malicioso do caminho e a tornar a comunicação fiável. Os resultados experimentais mostram que a remoção do nó malicioso do caminho aumenta o desempenho e torna a transmissão de dados mais segura e fiável em MANET.

A. Vijayan, C. Yamini ,2014 in [6] propõe um protocolo de encaminhamento anónimo com a técnica de encriptação RSA, de modo a utilizar o protocolo de encaminhamento AODV para a aplicação a pedido. A geração de chave privada é a principal caraterística de segurança com encriptação. O protocolo ART proposto detecta e protege contra os atacantes. O AODV (Ad-hoc on-demand distance vetor routing protocol) é um protocolo reativo. Aqui, vectores de distância significam nós distantes. Os principais ataques passivos às MANET são o ataque de eavesdropping e a análise de tráfego. O eavesdropping é um ataque de divulgação efectuado por um nó interno e um nó externo. A análise do tráfego é efectuada em mensagens encriptadas, para o que se utiliza a análise da taxa de tráfego e a monitorização da correlação temporal. O principal ataque ativo considerado neste trabalho é o packet dropping. O packet dropping é um tipo de ataque de negação de serviço. Afecta e impede a comunicação de ponta a ponta entre os nós. Se o nó de descarregamento estiver num ponto crítico, isso reduzirá o desempenho da rede. Neste trabalho, estamos a tentar dar mais segurança à MANET. Os protocolos de encaminhamento anónimo anteriores geram custos elevados. Além disso, dependem de encriptação hop-by-hop ou de tráfego redundante. O protocolo anónimo existente não proporciona uma segurança completa.

Neste trabalho, baseia-se na encriptação de extremo a extremo e seleciona o nó aleatório para encaminhar o pacote. Utiliza a partição dinâmica de zonas hierárquicas para classificar os nós na MANET. Esta seleção aleatória de reencaminhadores e a divisão de zonas dificultam a tarefa de um intruso. Os resultados da experiência permitem uma comparação perfeita com outros protocolos.

K. V. Arya, R. Saxena ,2014 em [7] propõe um protocolo de encaminhamento anónimo conhecido por S-ALERT. Para fornecer anonimato sem comprometer a segurança, estendemos o protocolo de roteamento eficiente baseado em localização anônima (ALERT) para torná-lo seguro. A versão segura é designada por Secure Anonymous Location Based Efficient Routing protocol (S-ALERT). O S-ALERT utiliza o algoritmo de deteção de suspeitas para escolher os nós de uma rota que fornecem uma rota não percetível. Se existir um buraco negro, este envia efetivamente um pacote RREP falso e anuncia-se como a rota mais curta encontrada. O esquema proposto evita o problema do buraco negro e previne também a rede de outros comportamentos maliciosos. Através de resultados de simulação, foi demonstrado que o método proposto pode detetar e proteger eficazmente contra o ataque de buraco negro. A eficiência de encaminhamento do S-ALERT também é melhor do que a dos protocolos existentes. O resultado mostra que a solução reduz os efeitos do Black Hole numa rede utilizando IDS e IPS. Os resultados da experiência mostram que a introdução da segurança no ALERT não prejudica o desempenho da rede. O resultado mostra que a solução reduz os efeitos de Black Hole numa rede através da utilização de IDS e IPS. O resultado da experiência mostra que a introdução de segurança no ALERT não diminui o desempenho da rede. O S-ALERT é capaz de proporcionar segurança contra ataques do tipo "buraco negro" na rede, juntamente com o anonimato. Estão a surgir muitos ataques novos para destruir a configuração da rede. No futuro, este trabalho pode ser alargado para combater os novos ataques.

3.3 Resumo

Os protocolos de encaminhamento anónimo existentes podem ser classificados principalmente em duas categorias: encriptação hop-by-hop e tráfego redundante. A maior parte das abordagens actuais são limitadas por se centrarem na aplicação do anonimato a um custo elevado para recursos preciosos, uma vez que a encriptação baseada em chaves públicas e o elevado tráfego geram custos significativamente elevados. Além disso, muitas abordagens não podem fornecer todas as protecções de anonimato anteriores. Devido à abertura e às caraterísticas distribuídas das MANET, não existem restrições de adesão. Assim, há hipóteses de um nó malicioso entrar no sistema. Atualmente, existem muitos protocolos de encaminhamento anónimo. Mas eles não podem fornecer todo o anonimato em conjunto. A maior parte deles baseia-se na localização. Estão a utilizar protocolos de encaminhamento geográfico (Exemplo - Greedy Perimeter Stateless Routing Protocol) como protocolo de base. ALARM, ZAP, SDDR, ALERT são alguns dos protocolos de encaminhamento anónimo existentes. O Greedy Perimeter Stateless Routing (GPSR) é uma variante simplificada do protocolo GFG. Aqui, o nó seleciona o nó de encaminhamento que está mais próximo do destino.

No SHARP, o anonimato hierárquico é implementado por encriptação baseada em RSA. Neste encaminhamento, os dados do remetente e do destinatário são encriptados pelo remetente. Nesta abordagem, a encriptação é feita apenas ao nível do grupo. Assim, o tempo total de atraso não aumenta muito. Esta abordagem garante o anonimato entre grupos. Os nós dentro do grupo terão uma ideia sobre o emissor e o recetor, mas fora do grupo ninguém conhece o verdadeiro emissor e recetor.

Capítulo 4

Formulação do problema

4.1 Motivação

Encaminhamento seguro em MANETs O encaminhamento é uma das principais preocupações em MANET. As mudanças frequentes na rede tornam muito difícil manter um caminho consistente da origem ao destino. Na literatura, foram propostos três tipos de protocolos de encaminhamento para as MANET. Os protocolos proactivos (DSDV, WRP e OLSR, etc.) baseiam-se no anúncio repetido de informações de encaminhamento aos nós vizinhos. Os protocolos reactivos baseiam-se na descoberta a pedido do caminho de encaminhamento (ADOV, DSR, TORA, etc.). Os protocolos híbridos (ZRP) são uma combinação de abordagens proactivas e reactivas. O encaminhamento seguro em MANET é uma tarefa espinhosa e exige que se lide com vários tipos de ataques à camada de rede, tal como referido na secção anterior. Na literatura, foram propostas várias abordagens de encaminhamento seguro.

Os protocolos de encaminhamento anónimo baseiam-se no conceito de encaminhamento cebola. As mensagens de encaminhamento são encriptadas repetidamente como camadas de cebolas. Os nós intermédios removem uma camada da mensagem, vêem as instruções de encaminhamento e reencaminham a mensagem para os nós seguintes. Desta forma, o anonimato das entidades de encaminhamento é preservado. O ANODR[33] foi o primeiro protocolo de encaminhamento anónimo proposto para as MANET. Parte-se do princípio de que a origem e o destino partilham uma chave secreta.

4.2 Formulação do problema

Nas redes ad hoc móveis, a segurança dos dados enviados entre os nós é comparativamente menor do que no caso das redes com fios. Isto deve-se principalmente à natureza sem fios da comunicação, que permite ao atacante saber que nó de origem está a enviar os dados para que nó de destino e através de que nós intermédios. Ao obter esta informação, o atacante pode facilmente instalar um nó malicioso (ataque externo) ou comprometer um nó já instalado (ataque interno) para roubar a informação da rede. No cenário dos ataques externos, o anonimato dos nós desempenha um papel importante na manutenção da privacidade das redes. No passado, muitos investigadores trabalharam no sentido de garantir a privacidade do nó de origem, do nó de destino e da rota (entre a origem e o destino que é utilizada para a transmissão de dados), de modo a evitar ataques externos. Uma dessas técnicas é a SHARP, que divide a rede em clusters. A comunicação entre os clusters é assegurada por uma técnica de criptografia que utiliza a transmissão de mensagens encriptadas RSA. O pacote é identificado pelo ID do agrupamento e não pelo ID do remetente. Assim, o nó recetor não pode saber de que nó provêm os dados, apenas pode saber o ID do agrupamento. Assim, o anonimato é preservado e a rede é impedida de sofrer ataques externos.

No entanto, nos casos em que o atacante já comprometeu um nó interno, manter o anonimato torna-se uma tarefa muito fastidiosa. Na abordagem de transmissão de dados baseada em clusters do SHARP, se o nó interno tiver sido comprometido, o nó de origem não pode ter conhecimento desse facto. A transmissão dos dados dentro do cluster pode ser afetada. O atacante interno malicioso, ao receber os dados, deixará cair os pacotes, violando assim a segurança. Assim, enquanto os ataques externos são tratados mantendo o anonimato e utilizando a abordagem criptográfica, é necessário dar atenção aos ataques internos. Neste trabalho, procuramos evitar os ataques intra e intercomunicacionais.

4.3 Objectivos

1.   Analisar o desempenho da rede utilizando o SHARP [1].

2.   Utilizar os nós auxiliares para assegurar a proteção de dados no cluster.

3.   Implementar o esquema modificado utilizando o MATLAB.

4.   Comparar o desempenho da rede utilizando o SHARP e após a aplicação do esquema modificado.

Capítulo 5

Modelo proposto

5.1 Modelo E-SHARP

O E-SHARP é um protocolo de encaminhamento anónimo baseado em clusters ou grupos. Aqui, os nós da rede são agrupados. O agrupamento baseia-se no alcance e na posição de cada nó. O nó e os seus vizinhos de um salto são agrupados. Ou seja, os nós com uma distância específica são agrupados para formar um cluster. Em seguida, o encaminhamento é estabelecido entre os grupos. Cada grupo é mantido por um identificador de grupo. A comunicação é encriptada pelo método RSA. Existem dois tipos de comunicação no sistema. A comunicação intergrupos e a comunicação intragrupos. Assim, os nós dentro do grupo podem perceber qual é o emissor e qual é o recetor. Mas os nós fora do grupo estão a ver todas estas comunicações em termos

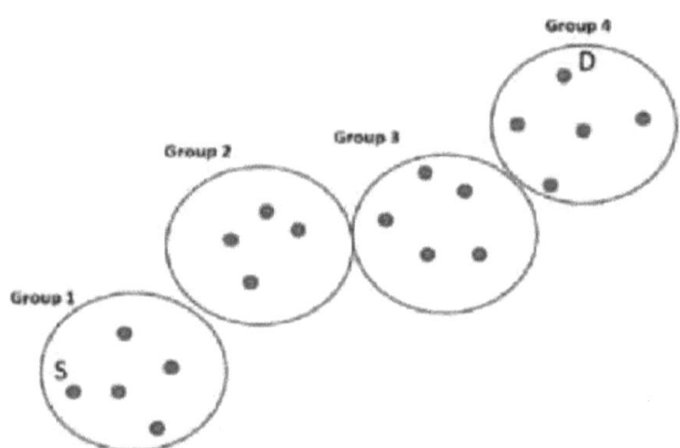

de identificador de grupo. Assim, o E-SHARP proporciona o anonimato da rota, da identidade e da localização da fonte e do destino. A figura 5.1 seguinte ilustra esta situação.

Figura 5.1: Agrupamento de nós. [1]

O modelo proposto é o seguinte:

(a)   Modelo de rede:

O modelo de rede considera o modelo de ponto de passagem aleatório e o modelo de mobilidade de grupo. Os nós das redes são agrupados em clusters. Por conseguinte, é necessário um protocolo de comunicação anónimo que garanta a não rastreabilidade para assegurar rigorosamente o anonimato do remetente quando este comunica com os outros nós. Além disso, um observador malicioso pode tentar bloquear os pacotes de dados comprometendo os nós e interceptando os pacotes num certo número de nós. Detectando a direção da transmissão dos dados, pode chegar ao remetente. Por isso, a rota também deve ser indetetável. O atacante pode também tentar detetar o destino através da análise do tráfego por ataque de intersecção. Por isso, o nó de destino também precisa da proteção do anonimato. Numa comunicação, uma fonte pretende enviar alguma informação para o destino. A sessão de transmissão é o período de tempo durante o qual S e D interagem um com o outro continuamente até pararem.

(b)   Agrupamento de nós:

No E-SHARP, os nós de toda a rede são agrupados para formar clusters. O agrupamento baseia-se na posição ou nas coordenadas dos nós. A distância entre os nós e a fonte é calculada. Com base nessa distância, os nós são agrupados. Os nós que se encontram à distância especificada formam um agrupamento. Em seguida, a comunicação é efectuada em nome destes clusters ou grupos. A transmissão de pacotes é efectuada através da comunicação entre os grupos. A comunicação inter e intragrupos é efectuada por reencaminhadores e nós de retransmissão aleatórios. Assim, a comunicação é feita através de um agrupamento de vários saltos. Cada agrupamento tem um raio de ação específico. Cada agrupamento mantém um identificador de agrupamento ou identificador de grupo. A comunicação é efectuada neste identificador de grupo. Os nós dentro do grupo podem comunicar entre si. Isto é conhecido como encaminhamento intragrupo. Na sua maioria, são nós vizinhos ou de um só salto. Os nós fora do grupo são comunicados de forma multi-salto. O encaminhamento entre os grupos é conhecido como encaminhamento intergrupos. Este é efectuado através de nós de retransmissão e de reencaminhadores aleatórios. medida que o número de clusters aumenta, o anonimato também aumenta. Assim, em geral, existe um grupo de origem, um grupo de destino e um ou mais grupos intermédios.

(c)   Encriptação e desencriptação:

Os pacotes que são transmitidos através da rede necessitam de segurança e privacidade. Por isso, os pacotes são encriptados utilizando a técnica criptográfica RSA. No RSA, cada pacote é encriptado com chaves privadas e públicas. Os dados são transmitidos pelo remetente. O pacote encriptado é transmitido através da rede. Quando chega ao destino, é desencriptado pelas chaves pública e privada. Apenas a informação do nó seguinte está disponível para os nós intermédios, mesmo após a desencriptação. Cada nó vai retirando camadas sucessivas e, finalmente, o último nó intermédio obtém o endereço do nó de destino. Mas se toda a mensagem for encriptada, nem mesmo o último nó conseguirá identificar o destino. Esta é uma abordagem modificada em que a encriptação é feita apenas ao nível do grupo. Cada grupo envia os dados para o grupo seguinte encriptando-os. Assim, os nós do outro grupo só conseguem perceber o identificador do grupo. Assim, o atraso total não aumenta por um fator elevado. Esta abordagem garante o anonimato entre grupos. Os nós dentro do grupo terão uma ideia sobre o remetente e o destinatário, mas fora do grupo ninguém conhece o verdadeiro remetente e destinatário. Isto irá gerar dinamicamente um caminho de encaminhamento imprevisível para uma mensagem.

(d)   Esquema de encaminhamento:

O E-SHARP apresenta um percurso de encaminhamento dinâmico e imprevisível, constituído por nós de retransmissão intermédios determinados dinamicamente. Protocolo de encaminhamento anónimo hierárquico baseado no agrupamento de múltiplos saltos. Os nós são agrupados com base no seu alcance de transmissão. Isto permite a comunicação segura inter e intra-grupo. O E-SHARP permite a descoberta anónima de rotas utilizando nós auxiliares, os nós intermédios seguros são selecionados e enviam dados com uma sobrecarga de computação criptográfica drasticamente reduzida em comparação com o encaminhamento plano puro.

(e) Anonimato: O esquema do protocolo de encaminhamento anónimo hierárquico contribui para a obtenção do anonimato, restringindo a visão de um nó apenas aos seus vizinhos. Para reforçar a proteção do anonimato dos nós, é utilizado um mecanismo ligeiro denominado "agrupamento". Cada grupo tem um identificador. A comunicação na rede é efectuada através do identificador do grupo. Neste caso, a encriptação é utilizada a nível do grupo. Esta abordagem garante o anonimato entre grupos. Os nós do grupo emissor têm uma ideia do verdadeiro emissor. Os nós do grupo de receptores também sabem quem é o verdadeiro recetor. Os nós fora do grupo de origem não têm qualquer ideia sobre o verdadeiro remetente. Apenas podem obter o identificador do grupo. A comunicação entre grupos é efectuada através do identificador do grupo. Assim, a sensação geral é a de que qualquer um destes nós não está a enviar. Isto proporciona anonimato ao emissor, ao recetor e à rota.

A segurança inter-agrupamentos é garantida pela cifragem dos pacotes de dados ao nível do grupo através do algoritmo de cifragem RSA e a segurança intra-agrupamentos é garantida através do conceito de nós auxiliares (Helper nodes).

5.2 Metodologia

No trabalho proposto, procuramos melhorar a segurança dos dados dentro do grupo formado por nós de um salto dos nós de envio de dados. O nosso trabalho proposto utiliza o conceito de nós auxiliares para proteger os dados de se perderem na rede.

* Em primeiro lugar, a rede é dividida em clusters.

* Quando o nó de origem tem alguns dados para encaminhar para o destino, ele escolherá um nó aleatório que será referido como nó auxiliar. O ID do nó auxiliar será visível para os nós fora do cluster do nó de origem. O nó auxiliar será utilizado para verificar o fluxo correto dos dados entre os nós dentro do cluster. Os dados serão enviados para fora do agrupamento utilizando a criptografia RSA, de modo a manter o anonimato do remetente.

* Dos seus nós vizinhos de um salto, o nó de origem escolhe um nó aleatório e

informa-o, enviando a mensagem hello, da sua eleição como nó auxiliar. O nó auxiliar deve encaminhar o seu ID para qualquer nó aleatório no cluster seguinte que, ao receber este ID, o transmitirá a todos os membros do cluster.

- Assim, antes do início da transmissão de dados, o ID do nó auxiliar estará disponível para todos os membros do cluster seguinte.

- No segundo passo, a fonte escolherá outro nó aleatoriamente entre os seus vizinhos de um salto para enviar os dados. O nó auxiliar escolhido pelo nó de origem não será utilizado para efeitos de reencaminhamento dos dados.

- O nó de origem envia alguns pacotes para o nó de retransmissão. Por exemplo, se o nó de origem tiver de enviar 100 pacotes para o nó de destino, primeiro enviará 10 pacotes para o nó de retransmissão para que a sua genuinidade possa ser verificada.

- Se este nó de retransmissão for um nó que deixa cair pacotes, então não encaminhará corretamente os dados para o cluster seguinte. Pode deixar cair alguns pacotes ou pode deixar cair todos os pacotes. Depois de o nó de retransmissão ter enviado o primeiro bloco de dados para o nó no cluster seguinte, o nó que recebeu os pacotes no cluster seguinte deve informar o nó auxiliar sobre o número de pacotes que recebeu. O nó auxiliar informará o nó de origem sobre a informação recebida. O nó de origem verifica se o nó de retransmissão encaminhou os dados corretamente ou não.

- Caso 1: Se os dados recebidos no cluster seguinte forem significativamente inferiores aos enviados pelo nó de origem, então o nó de origem escolherá outro nó de retransmissão aleatório entre os seus vizinhos de um salto para encaminhar os dados.

- Caso 2: Se o nó de retransmissão tiver encaminhado corretamente os dados, o nó de origem continuará a enviar os restantes dados para o mesmo nó de retransmissão.

- Caso 3: Se o nó auxiliar for um nó malicioso e não informar o nó de origem sobre as informações necessárias, depois de esperar um determinado período de tempo (quando o nó de origem tiver enviado o primeiro bloco de dados e não tiver recebido qualquer informação do nó auxiliar), o nó de origem colocará o nó auxiliar na lista de nós maliciosos e escolherá outro nó auxiliar. O processo recomeça a partir do passo 3.

- O mesmo procedimento será seguido pelo nó nos outros clusters até que os dados cheguem ao nó de destino. Assim, no trabalho proposto, estamos a manter o anonimato dos nós e das rotas encriptando os pacotes de dados quando têm de ser enviados para fora do agrupamento. Quando os dados circulam no interior do agrupamento, os nós auxiliares asseguram que os nós estão a transmitir ou a encaminhar os dados corretamente.

Capítulo 6

RESULTADOS

6.1 Resultados

Tendo discutido as métricas e os algoritmos propostos para detetar vários ataques e contramedidas, é agora altura de ver os resultados da experimentação e os gráficos sobre a forma como os contributos acima referidos satisfizeram as declarações de problemas desta tese

6.2 Avaliação do desempenho

Nesta subsecção, mostramos a avaliação do desempenho das métricas utilizando o simulador MATLAB. A comparação do desempenho de várias métricas quando o ataque é ativado é também apresentada e discutida em pormenor.

6.2.1 Configuração da simulação

A configuração da simulação é efectuada numa área plana quadrada utilizando o MATLAB. É feita uma comparação entre o sistema proposto e o SHARP existente, com base no anonimato, nas quedas, na taxa de entrega de pacotes, no débito e na energia consumida. São traçados gráficos para estes factores para avaliação do desempenho. Métricas de avaliação O rácio de entrega de pacotes é a proporção entre a quantidade total de pacotes que chegam ao destino e a quantidade de pacotes enviados pela fonte PDR = Número de pacotes entregues com êxito / Número de pacotes gerados.

Drops significa o número de pacotes descartados durante a transmissão. Para a avaliação do desempenho, são calculadas as quedas tanto para o SHARP como para o E-SHARP. Os gráficos são traçados e as quedas para o E-SHARP são menores em comparação com o SHARP. Drop= 1- Rácio de entrega de pacotes.

Taxa de transferência: Esta é uma métrica de avaliação muito comum e frequentemente utilizada como referência para comparar o desempenho de novos protocolos, métricas de encaminhamento, etc. O débito é definido como a taxa de transferência de dados com êxito de uma extremidade para outra. Qualquer rota com maior rendimento é selecionada. Through- put=(Energia inicial-Energia consumida)/10

Energia consumida: Esta métrica de avaliação é utilizada para comparar a quantidade de energia utilizada durante o encaminhamento do pacote da origem para o destino.

O resto do capítulo inclui os resultados da simulação

1. Implantação de nós na figura 6.1

2. Funcionamento do E-SHARP na figura 6.2

3. Funcionamento do SHARP na figura 6.3

4. Gráfico do rácio de entrega de pacotes em relação às rondas 6.4

5. Gráfico do débito na figura 6.5

6. Cálculo da energia consumida na figura 6.6

7. Cálculo do rácio de queda na figura 6.7

Figura 6.1: Implantação dos nós e dos clusters.

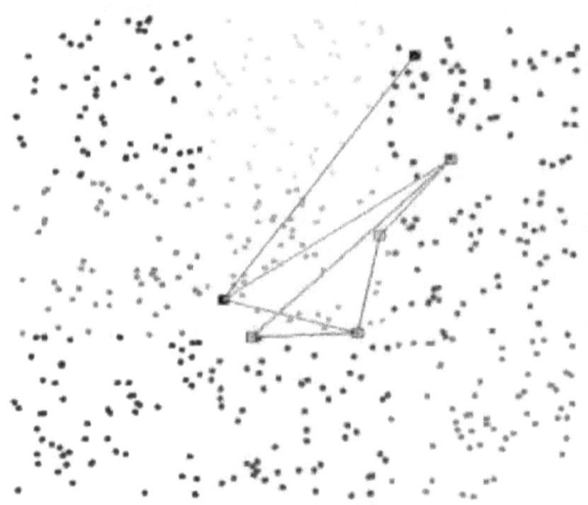

Figura 6.2: Envio de dados e processo de conformação no E-SHARP.

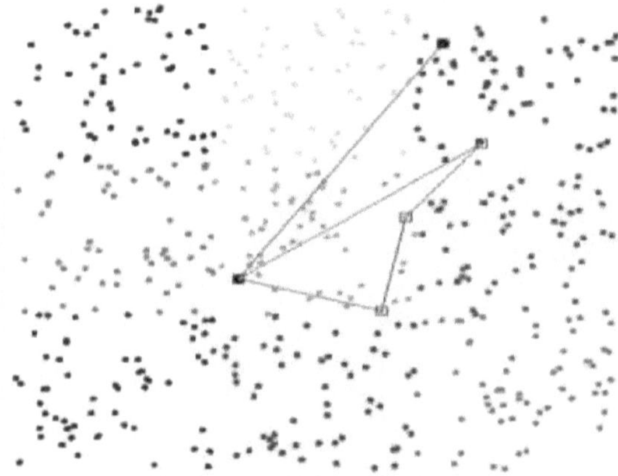

Figura 6.3: Envio de dados de acordo com o método Sharp anterior.

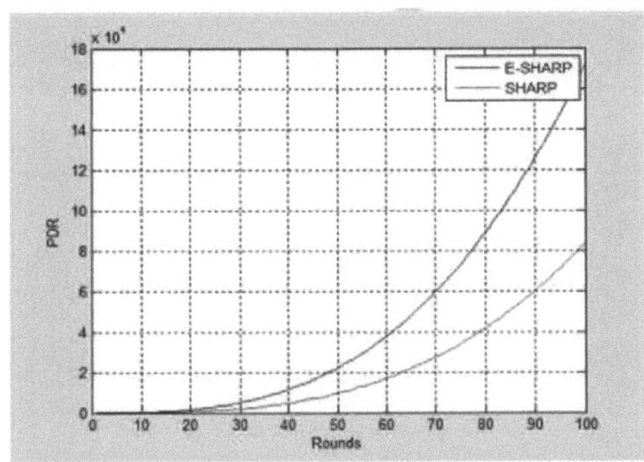

Figura 6.4: Gráfico entre a PDR e as Rondas

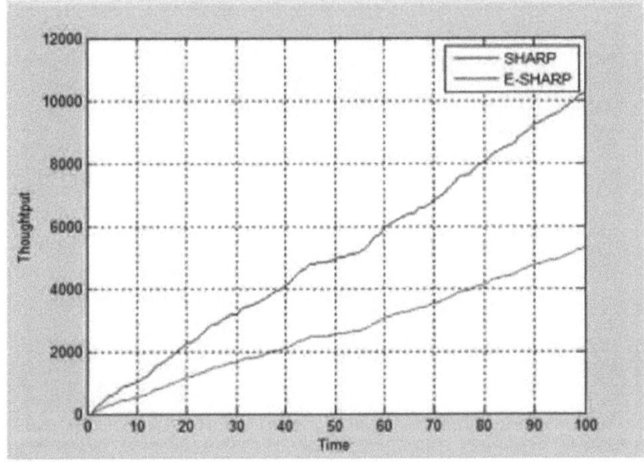

Figura 6.5: Gráfico entre a taxa de transferência e as rondas

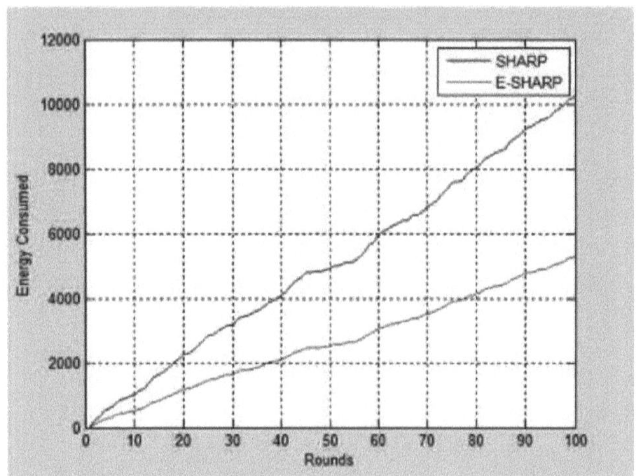

Figura 6.6: Energia consumida em função das rondas

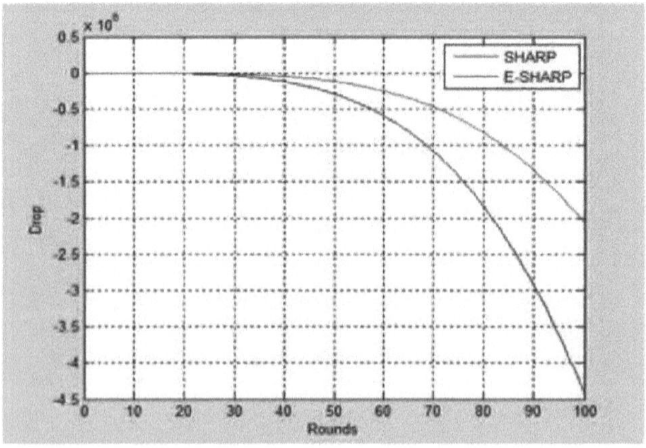

Figura 6.7: Gráfico de gotas versus rondas.

Capítulo 7

CONCLUSÃO

7.1 Conclusão

Este projeto abrange a ideia sobre o esquema de encaminhamento anónimo hierárquico. O protocolo de encaminhamento anónimo é crucial nas MANETs para fornecer comunicações seguras, escondendo as identidades dos nós e as rotas de observadores externos. O anonimato nas MANETs inclui o anonimato da identidade e da localização dos remetentes e dos destinos, bem como o anonimato das rotas. O objetivo do projeto é tornar anónima a comunicação entre diferentes nós nas MANET. Por anonimato entende-se que os nós intermédios desconhecem o remetente e o destino. Só o emissor conhece o recetor e só o recetor conhece o emissor. Neste projeto, o anonimato hierárquico é implementado através de encriptação baseada em RSA. Neste encaminhamento, os dados do remetente e do destinatário são encriptados pelo remetente. Nesta abordagem, a encriptação é feita apenas ao nível do grupo. Assim, o tempo total de atraso não aumenta muito. Esta abordagem garante o anonimato entre grupos. Os nós dentro do grupo terão uma ideia sobre o remetente e o destinatário, mas fora do grupo ninguém conhece o verdadeiro remetente e o destinatário. Para a segurança intra-agrupamento, o nó auxiliar dentro do agrupamento aumenta as hipóteses de apanhar o nó malicioso na comunicação interna dos agrupamentos da rede. Os nós auxiliares são selecionados com base no processo de seleção aleatória. O processo de seleção da rota começa no nó de origem que seleciona o nó auxiliar

7.2 Âmbito futuro

O trabalho de investigação ativo para as MANET prossegue principalmente nos domínios do controlo do acesso ao meio (MAC), do encaminhamento, da gestão das fontes, do controlo da potência e da segurança. Os investigadores estão a estudar a importância dos protocolos de encaminhamento nas MANET. O E-SHARP proporciona o anonimato da fonte, do destino e da rota. O E-SHARP estabelece um encaminhamento intergrupos baseado na encriptação. É necessário prosseguir a investigação para criar um encaminhamento baseado na encriptação que alargue o anonimato do E-SHARP. O anonimato pode ser melhorado através da cifragem da comunicação intragrupo e do equilíbrio das métricas de desempenho. Para melhorar a segurança, será também considerada a cifragem por outros métodos melhores do que o RSA. Devido à natureza dinâmica dos nós móveis, a sua associação e dissociação de e para agrupamentos perturba a estabilidade da rede e o problema agrava-se se esses nós forem chefes de agrupamento. Eventualmente, a estabilidade do agrupamento em MANET seria significativamente afetada. Assim, é possível obter um melhor esquema de agrupamento elegendo um chefe de agrupamento com base na energia residual, juntamente com o tempo de permanência dos nós, e o agrupamento é formado com base no alcance de transmissão do chefe de agrupamento. Esta ideia de agrupamento também pode ser acrescentada com melhorias futuras. A investigação tem de prosseguir para uma análise mais teórica do anonimato e do atraso, bem como para a avaliação do desempenho e das soluções de compromisso em vários cenários de rede.

APÊNDICE

REFERÊNCIAS

[1]   Remya S, Lakshmi K S "SHARP : Secured Hierarchical Anonymous Routing Protocol for MANETs" , Conferência Internacional sobre Comunicação Informática e Informática, 2015. IEEE.

[2]   S. Imran, R. V. Karthick, P. Visu, "DD-SARP: Dynamic data secure Anonymous Routing Protocol for MANETs in attacking environments" , Conferência Internacional sobre Tecnologias Inteligentes e Gestão para Computação, Comunicação, Controlos, Energia e Materiais (ICSTM), 2015. IEEE

[3]   A. K. Khasnikar, "Anonymity protection using ALERT in MANET", Conferência Internacional sobre Inovações em Sistemas de Informação, Incorporados e de Comunicação (ICIIECS), 2015. IEEE.

[4]   N. W. Lo, M. C. Chiang, C. Y. Hsu, "Hash-Based Anonymous Secure Routing Protocol in Mobile Ad Hoc Networks" , 10th Asia Joint Conference on Information Security (AsiaJCIS), 2015. IEEE.

[5]M. Khatkar, N. Phogat, B. Kumar, "Transmissão de dados confiável em roteamento assistido por localização anônima em MANET, impedindo o ataque de repetição", 3ª Conferência Internacional sobre Confiabilidade, Tecnologias Infocom e Otimização (ICRITO) (Tendências e Direções Futuras), 2014 IEEE.

[6]A. Vijayan, C. Yamini, "Técnica de encaminhamento anónimo em MANETs para transmissão segura: ART" , Conferência Internacional sobre Comunicação de Computação Verde e Engenharia Elétrica (ICGCCEE), 2014. IEEE.

[7]K. V. Arya, R. Saxena, "S-ALERT: protocolo de encaminhamento eficiente baseado em localização anónima segura", 9.ª Conferência Internacional sobre Sistemas Industriais e de Informação (ICIIS), 2014. IEEE.

[8]   Kulasekaran, S., Ramkumar, M.: APALLS: A Secure MANET Routing Protocol. Mobile Ad Hoc Networks: Aplicações (2011)

[9] Rangara, R.R., Jaipuria, R.S., Yenugwar, G.N., Jawandhiya, P.M.: Intelligent Secure Routing Model For MANET. In: 3ª Conferência Internacional do IEEE sobre Ciência da Computação e Tecnologia da Informação, ICCSIT (2010)

[10] Raj, P.N., Swadas, P.B.: DPRAODV: Um Sistema de Aprendizagem Dinâmico Contra Ataques de Buracos Negros em MANET baseadas em AODV. IJCSI Revista Internacional de Ciência da Computação 2 (2009)

[11] Seys, S., Preneel, B.: ARM: Protocolo de encaminhamento anónimo para redes móveis Ad Hoc. Jornal Internacional de Computação Móvel e Sem Fio (2009)

[12] Li, X., Li, H., Ma, J., Zhang, W.: An Efficient Anonymous Routing Protocol for Mobile Ad Hoc Networks. Em: Quinta Conferência Internacional sobre Garantia e Segurança da Informação (2009)

[13] Buttya, A.G.L., Vajda, I.N.: Provably Secure On-demand Source Routing in Mobile Ad Hoc Networks. IEEE Transactions on Mobile Computing 5(11) (2006)

[14] Wei Zhou, Dongbo Zhang e Daji Qiao. Estudo comparativo de métricas de roteamento para redes sem fio multicanal multirrádio. WCNC 2006.

[15] V. Bahl, R. Chandra e J. Dunagan. SSCH: Slotted seeded channel hopping for capacity improvement in IEEE 802.11 ad-hoc wireless networks ACM MobiCom 2004.

[16] Li Y., Wei J., "Guidelines on Selecting Intrusion Detection Methods in MANET", In Proc. Conferência de Educadores de Sistemas de Informação, 2004

[17] Yang H., Luo H., Ye F., Lu S., Zhang L., "Security in Mobile Ad Hoc Networks: Challenges and Solutions", IEEE Wireless Communications, 11(1), pp. 38-47, 2004.

[18] Chivers H., Clark J. A., "Smart dust, friend or foe?--Replacing identity with configuration trust", Computer Networks 46(5), pp. 723-740, 2004

[19] Buchegger S., Tissieres C., Le Boudec J.-Y., "A Test-Bed for Misbehaviour Detection in Mobile Ad-Hoc Networks -How Much Can Watchdogs Really Do?", Mobile Computing Systems and Applications (WMCSA '04), pp. 102111, 2004

[20] Karlof C., Wagner D., "Secure Routing in Wireless Sensor Networks: Attacks and Countermeasures", Ad Hoc Networks, pp. 293-315, 2003

[21] Hong, J.K.A.X.: ANODR: Anonymous On Demand Routing with Untraceable routes for Mobile Ad-hoc Networks. Em: 4° Simpósio Internacional da ACM sobre redes e computação móveis ad hoc, MOBIHOC 2003 (2003)

[22] D. D. Couto, D. Aguayo, J. Bicket e R. Morris. A high-throughput path metric for multi-hop wireless routing. ACM MobiCom 2003.

[23] Phillippe Jacquet, Paul Muhlethaler, Amir qayyum, Anis Laouiti, Laurent Viennot e Thomas Clausen. Optimized Link State Routing Protocol (OLSR) http://www.olsr.net/, http://www.olsr.org/ RFC 3626,2003

[24] Kong J., Hong X., Gerla M., "A New Set of Passive Routing Attacks in Mobile Ad Hoc Networks", In IEEE MILCOM, 2003

[25] Ning P., Sun K., "How to Misuse AODV: A Case Study of Insider Attacks against Mobile Ad-hoc Routing Protocols", In Proc. of the IEEE Workshop on Information Assurance, pp. 60-67, 2003

[26] Zhang Y., Lee W., "Intrusion Detection Techniques for Mobile Wireless Networks", Wireless Networks, pp. 545-556, Springer, 2003

[27] Sun B., Wu K., Pooch U.W., "Zone-Based Intrusion Detection for Mobile Ad Hoc Networks", Int. Journal of Ad Hoc and Sensor Wireless Networks, vol.2 , no. 3, 2003

[28] X. Bangnan, S. Hischke, B. Walke, *The role of ad hoc networking in future wireless communications,* International Conference on Communication Technology (ICCT 2003), Vol: 2, Pages: 1353-1358.

[29] Yau P.-W., Mitchell C.J., "Security Vulnerabilities in Ad Hoc Networks", In Proc. of the 7th Int. Symp. on Communications Theory and Applications, pp. 99-104, 2003

[30] Hu Y.-C. , Perrig A. e Johnson D.B., "Ariadne: A Secure On-demand Routing Protocol for Ad Hoc Networks", In Proc. of the 8th International Conference on Mobile Computing and Networks, pp. 12-23, 2002

[31] K. Sanzgiri et al., "A Secure routing Protocol for Ad Hoc Networks", In Proc. of the 10th IEEE Conference on Network Protocols, 2002

[32] B. Awerbuch et al, "An On Demand Secure Routing Protocol Resilient to ByzantineFailures", In Proc. of the ACM Workshop on Wireless Security, 2002

[33] Sanzgiri, K. Dahill, B. Levine, B.N. Shields e C. Belding-Royer. Um protocolo de roteamento seguro para redes ad hoc. (ARAN) Network Protocols, 2002. Actas. 10ª Conferência Internacional do IEEE sobre ICNP'02

[34] Manel Guerrero Zapata. Secure ad hoc on-demand distance vetor routing. (SecAODV) ACM SIGMOBILE Mobile Computing and Communications Review (2002)

[35] H. Xiaoyan, X. Kaixin, M. Gerla,ScaZaMe *routing protocols for mobile ad hoc networks,* IEEE Network, Volume: 16 No.: 4, July-Aug. 2002 Page(s): 1121.

[36] I. F. Akyildiz, W. Su, Y. Sankarasubrainaniam, E. Cyirci, *Wireless sensor networks: A survey,* Computer Networks, Vol. 38, No. 4, Page(s): 393-422, 2002.

[37] Hubaux J.-P., Buttyan L., Capkun S., "The Quest for Security in Mobile Ad Hoc Networks", In Proc. of the 2nd ACM Int. Symp. on Mobile Ad hoc Networking & Computing, pp. 146-155, 2001

[38] David B. Johnson, David A. Maltz e Josh Broch. DSR: The dynamic source routing protocol for multi-hop wireless ad hoc networks. Em Ad Hoc Networking, editado por Charles E. Perkins, capítulo 5, páginas 139-172. Addison- Wesley, 2001. http://citeseer.ist.psu.edu/johnson01dsr.html

[39] Stajano F., Anderson R., "The Resurrecting Duckling: Security Issues for Ad-hoc Wireless Networks", In Proc. of Int. Workshop sobre Protocolos de Segurança, Springer, 1999

[40] L. Robinson. *A nova empresa de transmissão móvel do Japão: Multimedia for cars, trains, and hand-helds,* in Advanced Imaging, Page(s): 18-22, julho de 1998.

[41] C.E.Perkins e P. Bhagwat. Vetor de distância sequenciado por destino (DSDV)

altamente dinâmico. Mobile Computers Proc. of the SIGCOMM 1994 Conference on Communications Architectures, Protocols and Applications, Aug 1994, pp 234-244.

[42] J. Jubin e J.D. Tor now. *The DARPA packet radio network protocols,* proceedings of IEEE, Vol. 75, No. 1, Page(s): 21-32, 1987.

[43] Richard Draves, Jitendra Padhye e Brian Zill. Routing in multi-radio, multi-hop wireless mesh networks. Conferência Internacional sobre Computação Móvel e Redes. Actas da 10ª conferência internacional anual sobre computação móvel e redes.

[44] Azzedine Boukerche. Avaliação do desempenho de protocolos de encaminhamento para redes sem fios Ad Hoc. Mobile Networks and Applications Volume 9 , Issue 4, Pages: 333 - 342

[45] Hu Y.-C., Perrig A., Johnson D.B., "Rushing Attacks and Defence in Wireless Ad Hoc Network

[46] Haiping Liu, Xin Liu, Chen-Nee Chuah, Prasant Mohapatra "Heterogeneous Wireless Access in Large Mesh Networks" em parte pela National Science Foundation (CNS-0709264, CNS-0448613, CNS-0520126), Intel Corporation (Intel gift grant), Army Research Office (W911NF-07-1-0318), e UC MICRO program IEEE 2008

Buy your books fast and straightforward online - at one of world's fastest growing online book stores! Environmentally sound due to Print-on-Demand technologies.

Buy your books online at
www.morebooks.shop

Compre os seus livros mais rápido e diretamente na internet, em uma das livrarias on-line com o maior crescimento no mundo! Produção que protege o meio ambiente através das tecnologias de impressão sob demanda.

Compre os seus livros on-line em
www.morebooks.shop

Printed by Books on Demand GmbH, Norderstedt / Germany